想入啡啡

林右昌的浪漫私旅

林右昌 著

Savor

作者序

喝出
甜蜜滋味

我心目中的基隆是彩色、帶著甜蜜滋味。

剛上任基隆市長時,有些人說這個海港城市是藍色的、黑色的,或是灰灰的,但我始終認為若重新找回這個城市的精神,它不應該是這種顏色。

港口的味道就該是鹹鹹的嗎?我覺得基隆應該是甜甜的味道、是浪漫的,這就是我想要描寫的基隆咖啡與甜點,創造出屬於這個城市的新味道。

自從十七世紀大航海時代以來，咖啡、糖、茶葉等物資都靠著港口運送，衍生過來就是風情、品味、甜蜜、浪漫、愛情。基隆是台灣最早開港的港口之一，擁有接納百川的胸襟，海口人心胸開放、冒險犯難、最有包容度，兒歌不就唱著「白浪滔滔我不怕」，勇敢、積極是討海人的精神，基隆就是這樣一座城市。

我認為基隆應該是彩色的，背後隱含的是色彩多元、文化多元，港口就應該充滿活力，領導人對城市規劃設計要有想像力才有辦法規劃，所以基隆才會出現色彩屋。

街角總是飄散著咖啡香。基隆是全台都市計畫發展最早的城市之一，喝咖啡是海港的文化，市區林立許多咖啡廳，或許有些外地人覺得似乎有些衝突、違和，但它卻是一種生活。像是崁仔頂魚市場魚販在工作閒暇之餘，總習慣坐在騎樓下喝杯咖啡，這種情景在基隆很常見。

若去過歐洲，會發現城市每條街邊都有咖啡館，在基隆也是如此，許多咖啡店就在騎樓下或三角窗，就連菜市場裡也有很多咖啡廳，買菜順便喝杯咖啡，街坊鄰居將喝咖啡當作一種社交儀式，這是多麼特別的城市風情啊。

基隆市區咖啡廳密度是全國最高，想想這也蠻正常的，這樣一個海港城市本來就比較時尚、比較洋派，喝咖啡、吃甜點，對基隆人來說早已是一種日常。

少年時，我就發覺基隆街頭有著大大小小的咖啡館，這幾年有更多基隆子弟返鄉創業。年輕人願意回來基隆，是因為找回了城市光榮感。

過去基隆人離基隆港很近，實際上卻很遙遠，前幾年推動市港再生標竿計畫，將港口打開，隨著火車站南站廣場、孝四路引道拆遷、忠一路貫通中山一路、基一信橋拆除等，國門廣場計畫相關工程陸續完工，處處可看見市中心大幅改變，基隆變得更乾淨、更明亮，整個天際線煥然一新，當你站在西二碼頭、海關旁或海洋廣場看著基隆港，就會發現基隆好廣闊。

將過去的不可能化為可能，基隆人重新認識自己，也重新找回信心與希望，所以年輕人開始在基隆尋找自己的可能性跟未來性，這幾年興起許多咖啡店，清新文青、新潮有型或老派懷舊，每家都各有特色，走在街頭總是沐浴在咖啡香裡。來基隆喝杯咖啡吧！你會發現基隆真的很美。

Contents

註：書中店家營業時間
與餐點以店家現場公告
為準，部分店家無電話，
相關資訊請上店家粉絲
專頁查詢。

KEELUNG

聽見
基隆下雨聲

對基隆人來說，雨是日常，也是這個城市的
共同記憶。

每年 10 月東北季風吹起，在新竹，它是冷
冽九降風，吹爽了米粉，也吹紅了柿餅；在
南台灣，這風遭到中央山脈阻隔，終於在恆
春半島找到出口，形成吹出墾丁藍天的落山
風；在基隆，它即將碰觸陸地之前，會先掠
過黑潮，溫暖洋流的厚重水氣就隨著冷風被
捲起，帶來港都夜雨。

那雨，就是基隆人的日常，於是帶把傘，找
家咖啡店，或讀本書，或好友小聚，在咖啡
濃醇的滿室醇香中，品嘗甜蜜的滋味，就是
基隆人專屬的幸福時光。

Chapter

01

勝過千層的
三層變奏曲

/ 小宅門 /

位於碇內國小旁的小宅
門是由老公寓改建而成。

小宅門的「宅」代表兩個意義，首先這是
一間「老宅」改建的咖啡廳，有獨特的空
間氛圍，第二是這空間歡迎大家來「宅」
在裡頭，想待多久就待多久。

確實我挺喜歡宅在這裡，特別是下午時
分，由 70 年代老公寓改裝的空間裡，櫃
檯或窗邊滿是咖啡館主人振皓蒐集的老飾
品，坐在老沙發上慵懶喝著咖啡，每隔一
陣，就會傳來隔壁碇內國小的上下課鐘
聲，還有操場小學生的嬉笑聲伴著夏日蟬
聲，很有一種回到童年的感覺。

碇內位於基隆暖暖區，振皓從小在這裡長
大，跟著海軍眷村的小孩玩捉迷藏、爬山、
跳水、抓蝦、逛砲台，國中後搬到台北進
入開平念餐飲，待過 85 度 C、老爺酒店、
a³ 新義式餐廳等磨練甜點廚藝，之後獲聘
到杜拜的烘焙店工作兩年，10 年下來累積
深厚的麵包烘焙與甜點技能。

堅持只用義式經典摩卡壺煮咖啡，直火加壓濃縮滋
味搭配甜點充滿渾厚幸福感。

每一片甜點都會仔細妝點，讓小宅門甜點不只甜，
而且美。

幾年前為了處理家中老屋產權，振皓回到暖暖辦手續，忙碌之後想找家有沙發的咖啡店坐下休息，卻怎麼也找不到。走在馬路上，童年回憶一一湧上心頭，操場的鞦韆、教室的鐘聲、山邊的森林溪流與昆蟲，走著走著，家鄉情感記憶愈來愈沈重，既然如此，留下來吧！

在幾乎沒有遊客的小鎮開咖啡甜點店，消息迅速傳遍碇內社區，一開始婆婆媽媽都說「這年輕人瘋了，還一片蛋糕就賣 170 元，到底要賣給誰？」結果一年之後，小宅門之名開始在從台北搬來的新暖暖人社區圈子傳開，更吸引許多台北單車跟重機車友，現在每到假日，都有遊客專程從各地前來朝聖。

小宅門之所以紅，除了空間氛圍滿是小鎮閒情外，更重要是甜點頗有過人之處。不

像現在很多甜點店主打千層，因為曾在杜拜接觸過世界各國旅客，振皓總有他自己的步伐與方向，端出來的甜點模樣都與其他店家長相不同，口感更是千變萬化。我非常喜歡它的日和抹茶森林，它是頂層厚厚一層抹茶奶油，中間一層結構紮實的蛋糕體，底層則是酥脆口感，一口咬下，濃郁的靜岡抹茶香氣會先出現，隨後紮實的

小宅門甜點用料不手軟，綠茶味濃郁。

小宅門附近有許多老宿舍。

小宅門甜點多樣且具創意,吸引許多基隆咖啡與甜點師私下造訪觀摩。

蛋糕體會讓茶香隨著咀嚼愈發奔放,最後遇上底層的脆,三層不同的口感帶來多變的滋味變化,且每塊蛋糕上桌前都會有盤飾,美味又優雅。

檸檬卡魯瓦也是小宅門招牌,它是提拉米蘇與檸檬蛋糕的綜合體,外型有點像皇冠,入口後跟提拉米蘇一樣滑順細緻,但會遇上濕潤厚重的檸檬蛋糕體,除了口感衝突帶來層次變化外,還會有著淡淡卡魯哇咖啡利口酒香氣。

特別的是,振皓堅持只用義式經典摩卡壺煮咖啡,直火加壓濃縮的滋味搭配甜點,確實有一種渾厚的幸福感。午后來這裡喝咖啡,吃塊檸檬卡魯瓦,聽著碇內國小的鐘聲,再聽聽溪流聲與蟲鳴鳥叫,暖暖的美,美得很溫暖。

Data

小宅門

📞 (02)2457-8199　　📍 基隆市暖暖區源遠路260巷12號

Flow Cafe 是老公寓整修而成的空間，平時是乾燥花藝教室，是許多網美喜愛的拍照地點。

充滿花香的
愛妻咖啡店

「這是一家因為花藝
而誕生的美麗咖啡店，
也是一家因為愛妻
而開的咖啡店。」

坐在 Flow Cafe 窗戶邊，看著外頭車水馬龍，基
隆的雨天有種獨特的美感。

/FLOW CAFE/

FLOW CAFE 的入口，有點像哈利波特
裡的那個9又4分之3月台，總要靜下心
來才能看見。其實它就在基隆火車站斜對
面，拐個彎後就是，只是門實在太小太低
調，害我常常忘了它的存在。但只要推開
門往樓上走，很快的，會讓人感覺進入另
一時空，男主人專注煮著咖啡，女主人則
在滿牆美麗乾燥花中微微笑著，對你點頭。

這是一家因為花藝而誕生的美麗咖啡店，
也是一家因為愛妻而開的咖啡店。

咖啡店男女主人原是工程營建業同事，平常
在硬梆梆的工程單位上班，下了班後，出生
台南、天生味蕾敏銳的阿尋就愛煮杯咖啡；
出生基隆信義區的宜琳則喜歡花藝，特別
喜歡日本體系的不凋花流派，曾拿過美國、
日本、德國等多國花藝認證。

沿著70年代的磨石子階梯緩緩上樓，一個轉
彎後，一種老屋特有的優雅韻味逐漸展開；2
樓大片窗戶正對中山陸橋，橋上汽機車來來
往往就宛如電影螢幕。到了3樓視野更好，這

Flow Cafe

來自阿尋家鄉台南善化的百年冬瓜檸檬茶,倒入香醇的咖啡,入口後的香甜酸苦韻味非常多層次。

裡是屬於女主人的 Dear All 花藝教室空間,在置身滿是乾燥花與不凋花的空間裡,向外望去,基隆的陸橋與街景更加清晰。

FLOW CAFE 最有創意的飲品是「冬瓜檸檬+義式冰咖啡」,那是阿尋利用自己台南善化家鄉老店冬瓜茶調製出的滋味,入口之後,首先是冬瓜甜味佔據味蕾,緊接著淡淡檸檬酸味飄了出來,很快的,來自咖啡的苦會劃破這些甜酸,揉合之後,形成一股甘味迴盪在舌尖。

FLOW CAFE 甜點主要都與基隆在地年輕甜點師合作,最吸引我目光的是野莓塔,

Data

FLOW CAFE

📍 基隆市仁愛區忠二路68號2樓

宛如紅色小蘋果的外型，底下鋪著脆片，
切開之後是飽滿綿密的莓果慕斯，有著強
烈的酸甜迴盪，最適合搭配簡單的美式咖
啡，可以讓酸甜快速通過，只留一股餘韻
悠悠飄揚。

香草栗子蛋糕也是我的愛，簡單的戚風蛋
糕體，裡頭餡料與奶油處理得非常好，蓬
鬆的蛋糕體搭配綿密的口感栗子餡，不是
千層那樣的滑順，卻另有一種這才是蛋糕
的感覺。喜歡精品咖啡，可以選擇搭配耶
加雪菲，喜歡口感飽滿豐腴的，建議來杯
黑糖咖啡拿鐵，那表面經過燒烤而帶著焦
香的咖啡，搭配口感豐腴的香草栗子蛋
糕，會有一股滿足感從心底升起。

坐在 FLOW CAFE 窗邊，隔著玻璃隔著
花，喝著咖啡，看著中山路橋飄雨，你會
看見，基隆下雨時的美，是那麼樣的清晰。

鋪灑黑糖之後以噴槍炙燒，讓咖啡帶著
濃郁的焦香氣味。

這是「小小。點點」甜點師的檸檬糖霜
蛋糕，看起來簡單，但滋味無窮。

甜點與在地年輕甜點師合作，香草栗子
蛋糕的餡料與奶油處理得非常好。

甜點上桌之前都會有精美的
盤飾與配料，色香味俱全。

啜飲咖啡
與海洋的味道

/ 見書店 /

見書店位於東岸廣場，離基隆廟口
走路只要 3 分鐘，外觀很是典雅。

很少有城市從市中心的火車站走出來，一眼望去就能看到大海。基隆可以！海就像是基隆的迎賓客廳，港口、老鷹、軍艦與郵輪就像客廳裡的窗景，而見書店就像客廳裡的書架，一本又一本關於基隆、海洋、教育、在地文化等等類型書籍陳列在書架上，慢慢闡述著基隆與大海的關係。

見書店地點就海邊，位於基隆東岸廣場1樓，離火車站或廟口夜市走路都只要3分鐘，它的門面非常漂亮，水藍棚架，典雅的原木大門、漂流木門把與落地玻璃窗，室內挑高兩層樓的空間設計，每當陽光透

「一杯拿鐵 一本書 一小盆花
見書店裡 充滿午后悠閒。」

每天，每天
Home Café

書店內有許多設計巧思與多樣的空間層次。

見書店位於基隆港邊，擁有廣闊的海洋視野。

過玻璃窗灑進來，整個空間充滿逆光時特有的活力光彩。

我喜歡在下午時分坐在一樓的那張大書桌，但與其說是書桌，不如說那是「羅馬浴場」。它不只是讓許多陌生人跟店員一起坐著聊天的書桌，更是一個交流平台，大夥邊看書邊喝咖啡，或許討論海洋、或許關心基隆哪邊好吃、又或許討論世界局勢，所有的議題毫無設限，但總能聊到大夥都覺得自己很像蘇格拉底。

焦糖瑪奇朵是不錯的選擇，渾厚的咖啡香氣、細緻的奶泡與甜蜜的滋味，總能帶來午後的幸福感。也推薦試試這邊的蜜香紅茶或

見書店中可見許多基隆相關的繪本與史料，想深度認識基隆，這裡是不錯的起點。

包種老茶,特別那包種老茶是老闆珍藏已經陳放 41 年的醇厚滋味。甜點部分則端視當日現場,不一定提供,但如果運氣對了,或許有機會遇上咕咕霍夫蛋糕。

如果不愛聊天,那請上 2 樓。見書店 2 樓有許多桌椅,客人們三三兩兩聊天,或許一人一桌靜靜看書,從這裡往下俯瞰滿屋子書籍的空間設計,或望著對街郵局車潮來來往往,充滿了坐看人生奔波的悠閒。

見書店男主人顯樺是基隆廟口商圈長大的小孩,曾從事漁船買賣相關工作,現在是基隆市生根文化創意協會理事長;女主人雅萍是西岸碼頭球子山燈塔附近長大的小孩,曾經在誠品書局工作多年,這兩人從小到大,分別看見了基隆的山、海、城市與這些年的歷史演變。

跟他們聊天,能充分感覺他們對海、對台灣、對基隆這塊土地的珍惜與心疼。這裡的咖啡是機器打的,甜點是外面叫的,但對我來說,這裡賣的,是比花神、藝伎都還要香醇,充滿基隆與海洋滋味的文化咖啡。

抹茶歐蕾 160 元

午后散步基隆街頭,看見海洋,也看見書店。

充滿基隆歷史與海洋文化氣息的獨立書店。

Data

見書店

📞 (02)2428-1159
📍 基隆市仁愛區仁二路236號

千層蛋糕是招牌甜點，使用
在地市場購買的新鮮水果。

哥倫布巷裡的
五星甜點

「只要循著空氣裡的香味走去，
有一處甜蜜在等著我，
尤其是在下雨的時候。」

/ 下雨的時候 /

下雨的時候所在巷子非常隱密，
有著滄桑卻優美的紅磚老建築。

就算手邊有地址，若你不是老基隆人，也很難找到藏在哥倫布巷裡的這家店。就算找到這家店，想買的甜點也不一定能買到，因為這裡每天的品項不一定，都是老闆娘當天清晨買到什麼水果，再根據當天心情來製作。買了甜點之後，店內無座位可坐，得趕快衝回家或找間街邊咖啡店，才能坐下來好整以暇地享用。即便如此，這家店還是不停被打卡，原因只有一個，「這裡可以用超市的價格，買到五星級飯店的美味甜點。」

確實老闆娘曾待過五星級飯店，她的功夫養成就在台北西華飯店點心房。陳柔是基隆七堵瑪陵山區礦工家小孩，外表很纖細，但個性很堅毅，從小就不愛跟陌生人多接

蛋糕分切後就會立即以錫箔紙包上，確保新鮮。

下雨的時候店面非常低調，跟老闆娘性格很像。

觸。大學念視覺傳達，畢業當時恰巧西華飯店點心房有職缺，心想「可以在甜點上做美感創作，又可以窩在廚房空間不用接觸過多人群」，於是人生路就這樣展開。

甜點工作沒有想像中那麼優雅。陳柔體型瘦弱，但照樣咬著牙堅持，每天自己去扛一包 25 公斤的麵粉。就這樣一包又一包無法取巧的沈重堆積，讓她打下深厚甜點基礎，歷經幾處不同甜點店工作後，在 2016 年決定創業。

可麗露外脆內軟 Q 充滿嚼勁。

海鹽司康香醇與厚實，愈嚼愈香。

滋味非常香醇滑順的海鹽焦糖千層，香韻在口中持續很久。

她的甜點是會讓人驚豔的甜美。招牌是千層，其中海鹽焦糖千層蛋糕是我最愛口味，咬下之後，來自北海道的鮮奶油與千層的滑順在口中流轉，鹹鹹甜甜的滋味非常高雅，下肚後只留唇齒餘香，那細緻的用料與飯店點心房的技藝磨練，都在這一片蛋糕中展現無遺。

另一樣我不會錯過的則是司康。那淡淡的海鹽滋味，厚實卻又容易入口，在口中慢慢咀嚼，一股淡雅迷人的香韻會不停由舌尖飄來，搭配著基隆的下雨聲，總讓人有著淡淡的滿足喜悅。

陳柔本身愛雨，她說，毛毛細雨是慢板，山林起霧是醞釀，當雨大到整個地面都起霧，那是一種激昂，她喜歡在店內一邊安安靜靜做著蛋糕，一邊聽著「哥倫布巷」裡的雨聲，與過往時空的魔幻對話，一種無法述說的味道，成為她甜點創作的靈感來源。

隨著人潮散去，繁華轉靜，這條曾是越戰時期美國阿兵哥最愛流連的「哥倫布巷」，如今只剩紅磚殘牆，留下巷尾的代明宮靜靜守候，我走在其中，卻一點也不孤單，因為我知道，只要循著空氣裡的香味走去，有一處甜蜜在等著我，尤其是在下雨的時候。

看陳柔做蛋糕很療癒，也要非常有耐心，她總不厭其煩的修飾與裝飾。

Data

下雨的時候

📍 基隆市仁愛區孝三路30巷25號

就是
這個溫度

作為一個廣納各地移民的港都，基隆飲
食充滿多元文化，坐在騎樓下，或是在
講究沖煮方式的咖啡館裡，對基隆人來
說，都只是咖啡日常。

即便標榜從產區、烘焙生豆到沖煮都講
究的精品咖啡，基隆店家也拉近了距
離，沒有高高在上的價格。烘豆師仔細
琢磨每一款咖啡豆的烘焙程度，咖啡師
則為每款豆子挑選最適合的沖煮方式。

基隆的精品咖啡館都帶著主人性格，義
式濃縮咖啡，高壓熱水快速萃取，表面
帶著綿密濃厚的 crema；手沖，透過燜
蒸、慢慢滴濾，徹底展現咖啡豆的風土
特性，萃取出濃淡有別的韻味；賽風壺，
透過虹吸原理萃取，口感濃厚圓潤。

在基隆，精品咖啡沒有距離。

Chapter

02

夏隆咖啡吧台上方 30 多款精品豆，彰顯的是主人
對咖啡的堅持，也代表著對咖啡狂熱者的尊重。

3秒遇見
咖啡的靈魂

午后來一杯夏隆的咖啡，再佐上一塊檸檬塔，深得我心。

/ 夏隆咖啡館 /

沿著義六路山坡往上走一會兒可抵夏隆，這裡有著北投山坡的幽靜氛圍和峰迴路轉，早年被稱為「基隆小北投」，日治時代曾是日本人聚集處所，也是台灣五大家族之一的基隆顏家「陋園」庭園邊界，儘管陋園早已消失，但漫步在此，總有種淡淡的懷舊悠閒。

2020 年 2 月國外旅遊網站 Big 7 Travel 公布「台灣 25 間最佳咖啡館」，基隆有兩家入選，一家是 Eddie's Cafe Et Tiramisu，另一家就是夏隆。

基隆可說是台灣最早的咖啡城市，因為港口與國際化，在騎樓或巷弄轉角都能看見

夏隆有自己的小小庭園，充滿悠閒。

夏隆空間佈置處處都是可愛巧思。

咖啡廳。基隆咖啡店不只多，而且好，夏隆咖啡就深得我心，它的靈魂就是「還原真實」。

老闆李劍明從台北搬到基隆八斗子住了20年，因為是虔誠基督徒，店名「夏隆」是希伯來語「平安」之意。巧合的是，夏隆這棟有60年歷史的庭園老宅，原屋主是牧師，家族曾經營委託行。

在開咖啡館之前，李劍明原在蔡司從事鏡片經銷商的教育訓練工作，他總是說：「任何物體只要經過鏡片就會產生折射與色差，最好的光學技術應該是要把所有的色差與折射透過鍍膜減到最低，讓事物呈現它最原始的模樣。」這個精神，也就是夏隆咖啡的靈魂。

一般賽風壺都會煮30秒或1分鐘，但他是「22克咖啡豆、200c.c.水，在90℃熱水只煮3秒。」李劍明告訴我，「要讓光學鏡片還原真實，靠的是鍍膜；要讓咖啡水果本質滋味呈現出來，在夏隆靠的是賽風。」

我常笑說在夏隆喝咖啡很容易有選擇障礙，因為一般咖啡店多半僅供應3、5款咖啡豆，講究些的精品咖啡店可能達10多款，但夏隆通常都有30多款。咖啡豆多半是李劍明的咖啡啟蒙老師王于睿烘製。

總覺得在夏隆喝咖啡充滿了儀式感，尤其是坐在吧台，選擇想要的咖啡豆後，老闆會開始磨粉，「聞3次，一開始的烘烤味道較重，等到味覺疲勞後，更能感受到咖啡豆的味道。」李劍明說。

李劍明曾長期在蔡司光學工作，對他而言，咖啡最重要是能真實還原其水果本質。

咖啡煮好會分成兩杯，瓷杯、玻璃杯各一，透過聞香杯，能感受不同材質、造型容器的香氣變化，當杯子摸起來不燙手，就可以飲用，從熱喝到涼，就能讓每口咖啡都帶來味覺甦醒與層次感受。李劍明解釋：「咖啡是一種水果，放涼了果膠會更明顯，也更能感受到風味。」

我非常喜歡衣索比亞希達摩（非洲），喝來帶著水果風味，又飽含堅果、花香、香料氣味，感覺相當平衡。宏都拉斯也是中南美洲很穩定的咖啡豆，散發著堅果味，當溫度略降後，果香會變得更加鮮明。

夏隆以咖啡為主，搭配的甜點品項不多，最膾炙人口的就是檸檬塔，雖然很簡單，但用料頗佳，新鮮檸檬汁結合發酵奶油做成的檸檬卡士達餡，質地清爽滑順，而塔皮口感酥脆，滋味格外清新。

每個月有兩個週六晚上，這裡會舉辦小型演奏會，多半以爵士樂為主，喝著咖啡，聽著自由、輕鬆的音樂，你會感覺住在基隆真好。

端上來一定是兩杯，一杯瓷杯一杯玻璃杯，交替著喝，就能感覺不同溫度下的咖啡滋味變化。

堅持要用賽風才能煮出咖啡的水果本質滋味，夏隆咖啡屋裡賽風壺眾多。

Data

夏隆咖啡館

☎ (02)2426-6649
📍 基隆市信義區義六路38號

維也納的
詩意滋味

梟翠煙由老舊倉庫整建而成，刻意
保留屋頂的木造結構，樸實優美。

Vienna

/ 裊翠煙 /

提到維也納咖啡，許多人腦中浮起表面厚
厚一層鮮奶油的花式咖啡，事實上維也納
咖啡可以非常精品，它是利用烘豆過程讓
咖啡豆焦糖化，再用「卡爾斯巴德壺」慢
慢萃取，沖好後的黑咖啡入口，就能讓兩
頰不停分泌唾液，鼻舌之間都是甘甜香
氣，久久不散。這種獨特優雅的維也納咖
啡，在台灣能喝得到的地方也許不超過5
家，其中一家就是基隆孝三路美食街旁的
「裊翠煙」，距離三角窗麵擔沒幾步路。

不過，裊翠煙的維也納咖啡不是天天有，
因為它必須挑選含水量較高的阿拉比卡高
山豆，無法保證隨時有貨源。如果順利取
得生豆，咖啡店主人 Gina 會用小小的鑄
鐵烘豆機以明火焙豆，再用傳統手工磨豆
機慢速磨豆，避免磨豆機高速運轉帶來溫

裊翠煙提供許多款式咖啡杯。

手工烘豆，鐵爐在明火上加熱，讓咖啡
豆產生高溫梅鈉反應，帶來焦糖甜味。

純手工打造的卡爾斯巴德壺，能萃取出
獨特的維也納咖啡。

當熱水沖過咖啡，一股霧氣
裊裊升起，這一刻正是裊翠
煙希望呈現的溫度與質感。

度變化，最後以手工打造、白瓷燒製的傳統「卡爾斯巴德壺」萃取。

以卡爾斯巴德壺萃取咖啡，是我覺得最有趣味與美感的過程。卡爾斯巴德壺是由上蓋、分水盤、濾網、咖啡壺四個套件組成，萃取時不是以水壺直接注水，而是利用類似舀湯的大湯勺，一次次分段注水，讓水透過6個小孔的分水盤均勻漏到咖啡上，再讓咖啡液穿過十字交疊的雙層白瓷濾網均勻漏下，沖一杯大約要花15分鐘，但那過程充滿讓人願意等待的儀式感，沖好後的咖啡滋味讓人喝過難忘。

裊翠煙迷人的地方很多，不只因為它的維也納咖啡獨特，環境色調與裝潢沉穩低調不張揚，從店名、裝潢到店主人都很優雅。原本是倉庫的建築，有著歷史悠久的木構屋頂，最精采是那看起來充滿花紋與層次的牆面，每個構面都是 Gina 用水泥按壓後再慢慢打磨而成。

Gina 是基隆安樂區人，原本從事美容芳療，大約10年前因緣際會接觸了鄭華娟的維也納咖啡課程後被吸引，並曾前往奧地利跟當地知名咖啡師艾德包爾教授學習，最後職業生涯轉彎，從此專心學習烘豆、手沖、義式等各種咖啡技巧，牆面滿滿都是證照。

除了維也納咖啡、精采的手工精品咖啡，以及滋味非常滑順的義式咖啡外，Gina 也與基隆老店「佳家咖啡」合作，推出以深烘焙的曼特寧＋爪哇煮兩次後極速冷卻而成的佳家罐裝咖啡，讓外地遊客能有機會品嚐基隆人的老滋味。

來到裊翠煙，我最喜歡的位置是吧台，坐這裡看 Gina 沖咖啡是一種享受，她的動作就像芳療師一樣輕輕柔柔，但又有著精準的角度跟力道，從磨豆、控溫、重量到水流都很講究。當咖啡隨著熱水沖下，一陣翠煙與香氣裊裊升起，這才知道，喝咖啡可以這麼享受。

空間設計、咖啡師與咖啡滋味，都充滿了低調與質感。

Data

裊翠煙

📞 (02)2427-8383
📍 基隆市仁愛區忠三路62號1樓

喝了就變朋友的
咖啡店

/ 貓町 /

半開放空間、階梯式座
位，都蘊含曹介彥（右）
對雨都特性的貼心。

貓町新址位於信二停車場旁的巷子。

「基隆是很早就喝咖啡的城市，曼巴是老一輩的記憶，我以曼特寧、巴西為基底，加上瓜地馬拉的堅果味，帶著鼻腔煙燻感，讓香氣更豐富。」

從咖啡攤車到廟口附近店面，貓町一直是基隆深受好評的咖啡館，因租約到期又搬到信二停車場旁林家豬腳原址，讓我最訝異的是新店面雖然變大，依舊只有約 10 個座位，且營業區刻意內縮，硬是規劃出偌大的半開放空間。

曹介彥說：「希望以前在舊店面坐得很委屈、很擁擠的客人，來這裡能更舒適。貓町從攤車營運以來就是以外帶為主，即便有了店面，大門也永遠對外敞開。」寬敞的半開放區域也蘊含著貼心，「基隆是雨都，客人穿著雨衣騎車來外帶，不需站在馬路上等待。我原本就是做外帶咖啡起家的，這些是我的基礎客群。」曹介彥說。

「新一代的咖啡店已朝向半開放式空間規劃，第四波咖啡文化已在醞釀，年輕客人不侷限，而是偏好文藝館、展覽館般的空間，像是韓國咖啡館一般乾淨、極簡，進來就是一個大吧台，只有階梯式座位或是根本沒有桌子，大家可以很隨意點杯咖啡。」曹介彥說，新店面也希望融入這樣的概念，所以半開放區域設置了階梯式座椅，也能讓外帶客人稍作休息。

貓町也順勢調整菜單，「希望更專注在咖啡上，所以大幅減少輕食和甜點品項，當然經典的吉古拉堡、布丁都還保留著，也有自製的可麗露。」曹介彥說。

年輕族群喜歡奶泡厚重、香甜柔順的拿鐵咖啡，夏天還有熱門的西西里檸檬冰咖啡。店裡的單品咖啡皆是曹介彥自行烘豆，其中基隆山之戀是他為偏好深焙風味的家鄉所設計。「基隆是很早就喝咖啡的

城市，曼巴是老一輩的記憶，我以曼特寧、巴西為基底，加上瓜地馬拉的堅果味，帶著鼻腔煙燻感，讓香氣更豐富。」曹介彥說，「這款咖啡也改用 KONO 濾杯以點滴式沖法，讓咖啡喝來濃而不苦、深而不焦。」

另外，整瓶的冷萃單品咖啡也深得我心。肯亞戰神帶著黑醋栗味，彷彿有著蔗糖甜感；衣索比亞阿朵拉水洗則屬於水果調性，清爽酸香。

喝咖啡怎麼能少了甜點，我幾乎每次必點的是布丁。曹介彥笑說：「原本是做給家裡小朋友吃的，客人相當喜歡。」大量鮮乳、牧場雞蛋加大溪地香草莢，以低溫隔水蒸烤而成的布丁，算是日式風格，質地

貓町布丁運用大量鮮乳、牧場雞蛋加大溪地香草莢，以低溫隔水蒸烤而成，質地滑嫩，奶香十足。

貓町店內單品咖啡皆是自烘，其中「基隆山之戀」是專為偏好深焙風味的家鄉所設計。

滑嫩，奶香十足。至於可麗露也是人氣品項，外層焦脆、內在濕潤，搭配黑咖啡絕佳。

除了飲品，貓町也提供少許輕食，而且都充滿了在地創意。像是吉古拉熱狗串，曹介彥突發奇想將熱狗塞進基隆特產炭烤吉古拉，切成一段段後搭配生菜、番茄、小黃瓜，再附上在地的丸進辣椒醬，不但充滿基隆風情，也匯聚了海陸味道，甚至還能夾入麵包變成吉古拉熱狗堡。

取名為貓町，除了與過去常到日本的記憶有關，也因為愛貓。店裡目前收養了一隻小小花，高人氣跟咖啡不相上下。雖然貓町並非可以玩貓的咖啡館，但搬了新家後，小小花變得更親人，來喝杯飲料、跟曹介彥聊聊天，小小花或許會賴在你的腳邊磨蹭呢。

瓶裝的冷萃冰咖啡，是人氣品項。

將熱狗塞進基隆特產炭烤吉古拉，這款充滿基隆風情的小點是貓町招牌之一。

Data

貓町咖啡

📞 (02)2427-2300
📍 基隆市中正區義二路2巷4號

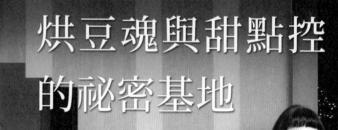

烘豆魂與甜點控
的祕密基地

法星對咖啡豆有著龜毛堅持，各種瑕疵
豆會一挑再挑，並持續精進烘豆技術。

/ 法星 /
自家烘焙咖啡

基隆精品咖啡發展多半認為始於 2008 年,當時最具代表性的兩家店,一家是仁二路上的品藏咖啡,另一家就是以烘豆聞名的德佈。兩年前德佈咖啡遷移到台北華山,原址由張文馨接手更名為法星,並由男友阿堯協助烘豆,持續在基隆推動「喝好咖啡運動」。

阿堯長期跟著德佈老闆學烘豆,如今法星標榜自家每周烘一次豆子,先仔細將各種瑕疵豆剔除,再視生豆商給的資料決定烘焙程度,烘焙過程中再依賴氣味決定下豆與否。

若喜歡水洗風味,我推薦可試試淺焙的多莓處理廠水仙,入喉能感受到柑橘、白桃般的香氣,酸度較明顯,味道很乾淨。若偏好中深焙,伊詩瑪麗是少見的葉門豆,厚實感足,擁有煙燻、堅果調性。

當然,夏天我也會喝杯冰涼的甘蔗拿鐵,或是以蘋果西打、雪碧或維他露 P 加濃縮咖啡調製的汽水濃縮,多了汽水的香甜味與氣泡感,更是讓暑氣盡消。

張文馨原本就對甜點充滿熱誠,接手咖啡店後更積極學藝,每天約供應 4、5 款甜點。我每回必點的是檸檬塔,「只使用熟度足夠的黃檸檬,不加吉利丁,以慢火熬煮,再加奶油乳化製成檸檬餡。」張文馨說。酸度溫和、甜度恰到好處,搭配酥脆塔皮,讓人齒頰留香。

提拉米蘇也值得一試,就連手指餅乾都是張文馨自己烘烤,結合瑪斯卡邦起司、瑪莎拉酒 (vino da meditazione)、濃縮咖啡,質地濕潤,帶著溫和不嗆的酒香,最特別的是居然還有天然香草韻味,張文馨笑說:「以馬達加斯加香草莢加蘭姆酒浸泡而成,至少要釀 6 個月以上。」

提拉米蘇滑順甘苦,充滿回味。

法星檸檬塔只用熟度足夠的黃檸檬，酸度溫和、甜度恰到好處，搭配酥脆塔皮，讓人齒頰留香。

除了著迷咖啡與甜點，每到假日，張文馨與男友兩人就變成狂熱的棒球粉絲，象隊周思齊是他們的最愛，店裡也擺設許多簽名球與收藏品，每月固定將咖啡店盈餘5%捐給周思齊所推動的「球芽基金」，幫助偏鄉地區小朋友們圓棒球夢。

法星店址並非一般觀光客會出沒的地方，店裡不少是從台北來基隆開庭的律師，還有早習慣精品咖啡的在地人。置身於此，就像人家說的祕密基地，我可以盡情享受不被打擾的時光，就讓豆香、咖啡香、蛋糕香暫時淹沒身外的俗事，一時半刻也無妨吧！

張文馨有很好的設計品味，也是職棒象迷，店中有很多讓人眼睛一亮的佈置。

店內有各種棒球擺飾，張文馨還每月捐款幫助偏鄉地區小朋友們圓棒球夢。

Data

法星自家烘焙咖啡

☏ 0908-050-799
📍 基隆市信義區崇法街12號

耐得住孤獨的
咖啡師

/ 茹絲咖啡 /

Ruth C. Coffee

日本電影常有那種客人不多但很有個性的
小店，老闆總是一個人孤零零看著窗外，
賣著自己的堅持。基隆也有一家，就是
Ruth C. Coffee 茹絲咖啡。

Ruth C. Coffee 在慶安宮對面一條小巷
內，通常只有在地人才會經過。2014 年
開幕，那時我經過常看到老闆連思錦（小
錦）一個人站在吧台面對窗外，有時聽著
音樂，有時喝著咖啡，但屋裡沒有客人。

「當初想著小巷弄風情多美妙，沒想到白天
也是暗暗的，陽光灑不進來。」小錦苦笑。
年輕時，在星巴克掀起台灣咖啡熱潮的年
代，他曾在台北、新竹、嘉義各地分店歷練，
當過副店長，也為了充實自我辭去工作，到
台南跟咖啡師學習烘豆。

回基隆開店時，精品咖啡在基隆起步沒多
久，店內經常空蕩蕩。他回憶：「前 3、4
年撐得很辛苦，有時整天只有一位客人，
收入不到 200 元，連付電費都不夠。」但
支撐他走下去的就是「成就感」，只要遇

茹絲咖啡所有佈置都是小錦
一點一點慢慢打造而成。

「老闆總是一個人孤零零看著窗外，賣著自己的堅持。」

小錦對待咖啡，永遠充滿專注。

到能品出咖啡酸香細膩度的客人，他就覺得枯坐一整天也值得。

但隨著基隆精品風氣興起，觀光客變多，Ruth C. Coffee 知名度也愈來愈高，現在經常還沒開門，就有客人排隊等著。小錦也在正濱漁港租了一個小空間當成烘豆工作室，不少客人都是專程來買咖啡豆。我喝過好幾款小錦烘的咖啡豆，味道都很細膩，果香跟酸韻優雅得恰到好處，美妙到會想進一步詢問細節、沖煮參數。

小錦的咖啡以淺焙單品豆為主，偏花香、酒香、莓果調。像是卡拉莫 74158 是衣索比亞西達瑪地區的單一品種，偏草莓、水蜜桃、蔓越莓般的紅色水果調性，酸值明亮，和過去我喝過的衣索比亞那種深色水果調性完全不同。

當然，他也為愛喝深焙的基隆人設計了一款港都夜雨，帶著煙燻、龍眼蜜甜感、烤榛果般的調性，再點一份店家自行製作的提拉米蘇或司康，是我最愛的午後時光。茹絲的提拉米蘇吃來風味清爽，酒香、咖啡香格外鮮明，這是因為手指餅乾加了柑橘風味威士忌浸泡。

口感較扎實的司康屬於英式道地做法，加了香草與義式綜合香料的口味，鹹中帶甜是最受歡迎的口味。此外，也不定時推出蘭姆葡萄、巧克力、紅茶等口味。

以前基隆人都自嘲「十年前出去工作，十年後回來還是一樣。」但小錦說：「這幾年愈來愈多年輕人回來創業，也有不少藝術工作者選擇在基隆落腳。」城市注入了活力，愈來愈欣欣向榮，小錦堅信地對我說：「基隆應該可以更好。」是的，我也同你一樣相信並努力著。

茹絲的咖啡都有著自家烘豆的用心與想呈現的滋味。

甜點都由茹絲咖啡自己製作，提拉米蘇充滿滑嫩與香醇。

小巧的司康，慢慢咀嚼會散出香味。

Data

茹絲咖啡

📞 (02)2422-6581
📍 基隆市仁愛區忠一路3巷25號

傳遞
咖啡精神的信使

/ 赫米斯 /
自家烘焙咖啡館

赫米斯的店名來自希臘神話 Hermes，相傳祂是宙斯兒子，是商業之神與旅行之神，更重要是「神界與人界之間的信使」，希臘國家郵政局便以 Hermes 頭像為象徵。老闆潘政劭說：「之所以取赫米斯當店名，就是希望自己扮演傳遞咖啡精神的信使。」

赫米斯位處的劉銘傳路，路的另一頭有基隆特產豆干包等小吃店，旁邊則是惠隆大樓，底下是市場，早年上頭還有新生戲院；赫米斯則是在往紅淡山方向，並非觀光客經常到訪的區域。來自板橋的潘政劭才 26 歲，高中開始就接觸咖啡，前些年到朋友在基隆文化中心經營的咖啡店幫忙、接著自己創業，因而定居成為新基隆人。

赫米斯供應多樣咖啡豆，也販售咖啡器具。

RMES

「之所以取赫米斯當店名，就是希望自己扮演傳遞咖啡精神的信使。」

Hermes

就是這個溫度／赫米斯自家烘焙咖啡館

潘政劭設計了 4 款咖啡調酒，當濃縮咖啡與威士忌結合，會帶來許多滋味變化。

他笑說：「基隆飲食文化很豐富，市區不算大，開店不一定要在鬧區。」

潘政劭擅長烘咖啡豆，目前供應給基隆、台北、新北市約 20 家咖啡店，2020 年曾參與「第三屆 TSCA 金杯獎」咖啡節競賽活動，並獲「2020 全臺必喝十大優質咖啡館名單」。店內最大特色在於豆子都非常新鮮，通常烘焙完成後兩周內即售罄。

像是衣索比亞古吉珍珠小豆，水果調性明顯，尾韻回甘還帶些酸味。熱飲時充滿層次，放涼了再喝猶如果汁。而哥斯大黎加

津卡蜜熊彷彿有著蜂蜜味，散發野薑花般的香氣。

想試試厭氧、發酵、橡木桶、酒香等各種特殊氣味咖啡，運氣好也都有機會。赫米斯有手沖、也有義式咖啡，「若想試試，這些單品咖啡豆也都能做成拿鐵咖啡，加了牛奶後，有些會像是果汁一般。」潘政劭說。另一特色則是擁有許多產地豆，或許冷門，但我每回造訪常有意外驚喜。

有趣的是潘政劭還設計了 4 款咖啡調酒，像是濃縮咖啡結合威士忌，堅果味很明顯，

焦糖鳳梨戚風裝飾的鳳梨花烤得相當漂亮，搭配咖啡十分對味。

後段則能感受到香甜味，入口帶著酒香，但酒味絲毫不強烈。

店內的甜點以戚風蛋糕、肉桂卷為主，也計劃推出方形吐司。另外，也與基隆「小小。點點」合作，像是焦糖鳳梨戚風蛋糕，質地綿細，上頭裝飾的鳳梨花烤得相當有美感。

潘政劭性格沉穩，話雖不多，但一談起咖啡便頭頭是道，曾有客人一買就是30包單品豆，也曾遇過回收阿姨想以30元買美式咖啡，他二話不說立即煮一杯請阿姨飲用，許多溫馨的小故事都在這裡上演，因為空間不大，座位僅三、五桌，所以很容易客滿，造訪前建議先打電話詢問。

「這幾年來，城市變化很大，港口附近變漂亮了，整個城市變得更好。」潘政劭說，現在他因為創業成了新基隆人，也因為咖啡更理解這個城市，雖然基隆的過去，他來不及參與，但是基隆的未來，有這樣的年輕人，一定會更好。

赫米斯空間不大，常有咖啡愛好者特地造訪。

赫米斯的販售區極小，但有多樣咖啡豆與器材可選購。

赫米斯塗鴉牆，細細看總有許多樂趣。

Data

赫米斯自家烘焙咖啡館

📞 (02)2426-2253
📍 基隆市仁愛區劉銘傳路18號

菜籃裡的
咖啡香

對外地遊客來說，基隆美食代表是廟口；對
基隆人而言，仁愛市場才是廚房。

仁愛市場是基隆人口中的「大市場」，不只
生鮮蔬果、熟食南北貨，這裡還匯聚服飾百
貨、美髮挽面、美甲按摩，還有諸多美食小
吃，更別說一家家的咖啡店。

在基隆，傳統市場裡聞到咖啡香、吃著蛋糕，
也是屬於這個城市的日常。

或許一側就是餃子攤、旁邊就是熟肉舖，仁
愛市場裡的咖啡甜點卻散發著年輕朝氣，也
是承載基隆返鄉青年夢想與希望的地方。

喝杯飲料、嘗塊蛋糕，市場裡賣的不只是咖
啡，而是滿滿的基隆故事與人情味。

基隆 仁愛市場　大觀圓　60年老店

鹹湯圓　豬肝腸

菜市場裡的
美麗風景

/ 多好咖啡 /

仁愛市場許多攤位都很有歷史感,多好咖啡夾在其中,看起來非常新穎明亮卻又毫不突兀,外地遊客都說它是「菜市場裡的文青咖啡店」,不過,老闆莊安安沒那麼喜歡文青兩字。她更喜歡的是菜市場賣魚阿姨對客人說的「想喝咖啡?可以去那家看起來新新的店啊,對,就老闆娘美美的那家店。」

每天把自己打扮得美美,帶著愉悅心情沖咖啡,是莊安安最開心的時刻。她說:「多好咖啡不是文青咖啡店,而是基隆一道日常可見的美麗風景。」

會講這種話,主要是因為她太愛基隆了。就如多數基隆年輕人一樣,莊安安基隆女中畢業後就開始通勤到台北就學就業,每回跟同學、同事提到她是基隆人,大家就開玩笑稱「今天搭船來啊!」、「基隆有麥當勞嗎?」雖是玩笑話,卻總讓她心裡不舒服,覺得外地人不太瞭解基隆。

Anygood Coffee

多好咖啡豆子品質好且價格平實,加上菜市場地理位置特殊,開店不久後就成為天天客滿的名店。

Anygood
Coffee

多好咖啡置身於仁愛市場二樓眾多小
吃名店之間，是菜市場裡的美麗風景。

大學畢業後，莊安安到澳洲打工度假一年，回台後曾在台北跟很多一流咖啡師學過咖啡，2017 年在仁愛市場看到這個攤位，於是投入積蓄承租下來，除了想讓來菜市場的人接觸精品咖啡，更想讓外地遊客知道「來基隆，多好」。

於是，在人來人往的市場裡，60 元就能喝到很棒的美式或濃縮咖啡，100 到 130 元就能喝到在台北動輒 180 元起的精品咖啡。若不知想喝什麼，不妨試試多好配，同一款咖啡豆會沖成一杯黑咖啡與一杯牛奶咖啡，能感受到咖啡豆的不同韻味。我最喜歡淺焙咖啡豆做成多好配，先飲一杯酸甜不稀薄的 single 濃縮咖啡，再來一杯 Piccolo 短笛咖啡，多了奶泡，呈現出彷彿絲綢般的柔滑口感，既滿足了咖啡因攝取，也讓咖啡體驗更美好。

夏天時，我總愛點杯甘夏拿鐵，以甘蔗汁取代糖，結合濃縮咖啡、牛奶與奶泡，喝起來香甜沁涼。莊安安笑著說：「我很喜歡使用在地食材，有回逛街時看到攤販賣甘蔗汁，便產生了靈感。」

「看到賣麻糬的攤販，就想到可以將搭配麻糬的花生粉融入咖啡。」莊安安總是有源源不絕的靈感，於是在摩卡咖啡灑上顆粒花生粉，協調的滋味讓這杯咖啡喝來彷彿甜點一般。

莊安安會依季節推出期間限定飲品，讓客人更有新鮮感。我印象最深的就是檸橙三點鐘，淺焙冰釀日曬耶加雪菲加三分甜黑糖，覆蓋檸檬冰沙，再刨柳橙皮末添香。飲用時先喝幾口後稍微搖搖杯子，讓檸檬冰沙化入咖啡，又是另一番韻味。

「多好配」是用同一款咖啡豆沖成一杯黑咖啡與一杯牛奶咖啡，能感受到咖啡豆的不同韻味。

她也不時推出自家烘焙咖啡豆，我就對
「秋分」印象深刻，這是由水洗衣索比亞、
日曬尼加拉瓜、水洗尼加拉瓜組成的淺焙
配方豆，帶著黃檸檬、小花香、奶油焦糖
和牛奶巧克力等風味，酸質細膩明亮。

另外她也跟基隆年輕甜點師合作，引進焦
糖布丁、蔓越莓燕麥餅乾等甜點，讓整個
菜市場咖啡舖充滿甜蜜與優雅。我也曾在
多好喝咖啡，就近跟旁邊的甜點舖點份蛋
糕，甚至還從孝三路外帶豬肝腸，邊吃邊
喝咖啡，感覺絲毫不違和，只是要記得自
己把垃圾帶走。我也很樂意跟台北朋友推
薦來仁愛市場喝咖啡，「來基隆，多好」。

莊安安說，自從回到基隆在仁愛市場開
店，現在一樣是9點多出門，但通常都
來得及回家與家人吃晚飯，收入也比上班
好，「留在基隆，多好！」

安安喜歡把自己打扮美美，把一切妝點
得美美，讓大家知道「來基隆，多好」。

甘夏拿鐵以甘蔗汁取代糖，結合濃縮咖
啡、牛奶與奶泡，喝起來香甜沁涼。

Data

多好咖啡

📍 基隆市仁愛區愛三路 21號2樓攤位B31(仁愛市場)

基隆CP值最高的
賽風咖啡

Sypho

除了黑咖啡，找咖的義式咖啡也因
香氣濃韻口感滑順很受年輕人喜愛。

/ 找咖 /

仁愛市場 2 樓的「找咖」，有著基隆 CP
值最高的賽風咖啡，一杯以虹吸壺慢慢煮
出來的黑咖啡 50 元，義式咖啡系列的拿
鐵 65 元、焦糖瑪奇朵 85 元，比許多咖啡
店都便宜。老闆童童笑說：「很多來市場
買菜的婆婆媽媽，都是忙裡偷閒來喝杯咖
啡，所以我盡量壓低價格，讓他們能輕鬆
好好喘口氣。」

童童是基隆人，17 歲就到台北打工，23
歲當了媽媽，只能放下自己的少女夢想，
變成一切以小孩為重的人母。但原本的安
穩生活，卻在 30 多歲時婚姻觸礁，成了
帶著兩個小孩為生活打拼的單親媽媽。

因缺乏工作經歷與專業，童童不容易找到
合適工作，即便努力過，薪水也不足以養
活自己跟兩個小孩。透過朋友介紹，童童
第一次走進仁愛市場 2 樓，眼前的人潮與
多樣商店型態深深震撼了她。

咖啡不只暖了基隆人的心與胃，也讓童
童找到人生的春天。

「以前覺得仁愛市場就只能買菜，沒想到基隆有這麼充滿活力的地方，重要的是租金不算太貴，所以我足足觀察了半年，發現人潮不錯。」童童於是抱著「既然找不到好工作，不如創業試試看」的心情，拿出為數不多的積蓄，再向妹妹借了錢買機器跟咖啡豆，「找咖」正式開門營業。

知道這是一次不能失敗的賭注，所以她除了照顧小孩，便把所有的心力投了這家店舖。不懂咖啡，就每天看書練習，連續幾個月每天都喝 10 幾杯；不會做甜點就看網路自學，擔心技術不好沒有競爭力，便花高一點的成本買好一點的咖啡豆，也因為理解買菜主婦總需要操持家計，售價也盡量親民，讓她們在沒有壓力的心情下喝杯紓壓咖啡。

童童觀察，「在地長輩偏好中深焙，不愛偏酸風味，所以最愛喝用虹吸壺煮的曼巴。」我覺得或許是結合曼特寧厚重苦味與巴西微甜，因此曼巴喝來格外溫順，有著圓潤甘甜的韻味，難怪特別受歡迎。

年輕人則偏好義式咖啡，最近找咖也推出手沖咖啡，童童笑說：「我已經練習了好幾個月，現在手沖非常穩，可以正式登場了。」努力把簡單的事情做到最好，是給自己設下的門檻，即便是厚片吐司，也能看出童童的細心之處。

「一般的棉花糖厚片總是會先抹上一層巧克力醬，但棉花糖已經很甜，所以我改抹乳酪醬，滋味鹹中帶甜，所以大受歡迎。」童童說。至於三明治，童童選用堅果吐司，

找咖以賽風煮咖啡，是基隆人愛的深烘焙口味，CP 值高。

不但夾了起司、小黃瓜、蘋果片、雞胸肉，淋上凱撒醬、蜂蜜芥末醬提味，更包夾了大量美生菜，美味兼顧營養，也是她身為人母的體貼之處。

每次經過找咖，都可以看到童童非常專注的煮著咖啡，就怕不夠好，所以她非常認真的看待每一個細節。她的努力，周邊攤商阿姨們都看在眼裡。於是，只要有外地客人問起咖啡店，阿姨們總是伸手指了指說「去那一家啊！」慢慢的，客人多了，攤商朋友多了，存了一點點錢再更新招牌、燈光、桌椅，店面氣氛變得年輕後，年輕客人也多了。

童童的話雖不多，但只要主動跟她聊天，愛貓的她就會指引你看看天花板管線，上頭總有許多貓咪走來走去，非常可愛。

從變成單親媽媽時的無助感，到現在牽著兩個小孩自己自立自強，童童常說，感謝咖啡、感謝攤商阿姨們，也感謝仁愛市場。但她還是夢想有天開一家能夠看到基隆天空與海的咖啡店，她說：「基隆的海那麼漂亮，而且，我現在已經很會煮咖啡了！」

賽風煮的黑咖啡是基隆人每日的慰藉。

三明治夾了起司、小黃瓜、蘋果片、雞胸肉，更包夾大量美生菜。

找咖緊鄰多家仁愛市場美食攤位，許多人飽餐之後會來喝杯咖啡。

Data

找咖

📞 (02)2422-1219
📍 基隆市仁愛區愛一路 8 號 2 號樓 C67 攤位（仁愛市場）

不吃會後悔的
千層蛋糕

Mille
Crepes

甜蒔的千層蛋糕每片都約
20層，絲毫沒有膩感。

/ 甜蒔 /

跟我一樣的熟客都知道，想品嘗甜蒔的千
層蛋糕，除了緊盯臉書粉絲頁公布的品
項，還得提前預訂，或是提早到仁愛市場，
否則開店一小時內，千層蛋糕可能就賣光
了。

仁愛市場「甜蒔」甜點店僅每週六、日營
業，中午 12 點開到傍晚即打烊。盯著甜
蒔的甜點，很難讓人不心動。每一款從造
型到色澤都宛如珠寶藝品般精美，入口之
後，都是天然食材的甜與酸。

甜蒔老闆劉倩如、劉美君姊妹倆的烘焙夢
很早萌芽，妹妹美君國中開始迷戀烘焙，
會將零用錢買書、食材練習，大學畢業後，
好手藝已讓所有親友都認為她應該開店。

受到妹妹影響，姊姊倩如也開始練習，派
塔、戚風蛋糕做得特別好。

姊妹倆雖在基隆出生，從小卻在台北求
學，姐姐在德明念企管，妹妹在輔大讀哲
學，畢業後陸續回到基隆爸爸公司從事拆
船等環保拆除行業。5 年前姊妹倆工作閒
暇之餘，在臉書成立「甜蒔 - 蘿莉塔法式
手工甜點」粉絲頁接單，也會到台北四四
南村市集擺攤。

2017 年，妹妹到台南旅行，看到當地菜
市場裡的文青店大受震撼，正好姊姊也發
現仁愛市場有攤位要出租，於是決定開張
實體店鋪。劉倩如笑說：「以前只知道仁
愛市場可以買菜，後來是跟婆婆上來 2 樓，

才發現是美食天堂。」

招牌的千層蛋糕選用日本麵粉、法國發酵奶油、北海道鮮奶油等製作，加上台灣小農水果或仁愛市場阿姨販售的高級水果，每個蛋糕約 20 層，一入口，夾著鮮奶油的餅皮瞬間化開，絲毫沒有膩感。蛋糕口味也經常推陳出新，北海道鮮奶、鹽之花焦糖、仕女伯爵茶、香芋鮮奶都是讓我愛不釋口的口味。

即便 1 片蛋糕最貴要價 170 元，在市場裡屬於高單價商品，但好食材加上用心製作，立刻成為市場裡的高人氣店舖。劉倩如說：「基隆人很勇於嘗鮮，剛開店時，來市場買菜的阿姨總會停下腳步聊一聊，

買一塊蛋糕吃吃看，還會特別幫孩子、孫子外帶甜點。」

沒開張的週一到週五，姐妹倆則忙著備料與自我進修。所有甜點都是在營業日早晨在店舖裡製作，除了千層蛋糕，以黃檸檬製成的檸檬塔酸甜度得宜、塔皮酥香，特別受男性客人青睞。

我也很喜歡季節水果奶油蛋糕，宜人的奶香有著順口芬芳，仔細看，還能瞧見一粒粒貨真價實的香草籽，冬天草莓、夏天芒果，都充滿了時令美好。透過粉絲頁公布當日品項，要是讓我瞧見了九州純生乳卷、蜂蜜無花果戚風、蜂蜜白葡萄蛋糕或巧克力芭那那蛋糕等，當天非衝仁愛市場不可。

甜蒔位於仁愛市場人潮較少的 Ｃ、Ｄ 棟之間，明亮燈光與設計帶來青春與喜悅感。

甜蒔店舖不大，不少客人會選擇外帶，一旁有兩張小桌子，我更喜歡坐在店舖旁的小吧台，點杯茶飲或喝杯義式咖啡，再選兩片蛋糕慢慢享用。這裡的茶飲以日本和法國品牌為主，品項雖不多，多屬清新風味，搭配蛋糕很契合。

甜蒔不只圓了姊妹的甜點創業夢，也改變了仁愛市場Ｃ、Ｄ棟。仁愛市場分成ＡＢＣＤ四棟，一般遊客熟悉的鯊魚煙、握壽司、鍋燒麵、炒麵多半聚集Ａ、Ｂ兩棟，早期Ｃ、Ｄ棟較冷清，但隨著甜蒔帶來人潮，周邊攤位也變得充滿活力。

「市場裡有冷氣，後來更新了電梯，來逛市場的年輕人愈來愈多。」劉倩如說，剛搬回基隆時，其實不太提自己是基隆人，但這幾年，身邊有愈來愈多朋友想來基隆玩。「我們開始覺得說自己是基隆人，有那麼一點驕傲。」關於這點，我還挺認同的。

巧克力入口後的甘苦滋味非常好，不會甜膩或卡在喉間。

以黃檸檬製成的檸檬塔酸甜度得宜、塔皮酥香，最受男性客人青睞。

多樣甜點總讓小朋友看到目不轉睛。

Data

甜蒔

📞 (02)2426-1950
📍 基隆市仁愛區愛三路21號2樓Ｃ11、Ｃ12（仁愛市場）

來到仁愛市場創業，立晏正
為自己年輕夢想而努力。

滿載甜蜜的
1坪蛋糕店

/ 微㐂 /

在仁愛市場 2 樓，夾在林家水餃、阿嬌炒麵等幾家老牌名店之間，有一攤空間不到 1 坪、只有一台小小冰箱的甜點店，上頭布簾寫著「微㐂」，布簾下年僅 25 歲的年輕女孩立晏正努力妝點著蛋糕。年輕的立晏很瘦小，每回看著她認真模樣，都讓我對基隆年輕人努力打拼的態度為之感動。

店名的「㐂」字發音同「喜」，字義也同「喜」，是日文「喜」字的草書寫法。立晏選這個字當店名，除了是年輕的創意，也意圖串連當年基隆港與日本的關係，更多的是一種心境描繪，就是想追逐年輕的夢想，去感受生命裡的喜悅。

在安樂區生長的立晏是戀家的小孩，過去除了每天通勤到淡水台北海洋科大求學，其它時間幾乎都在基隆，因為喜歡甜點，畢業後就進入基隆知名咖啡店學咖啡，也利用閒暇自學甜點。

外帶提拉米蘇和芒果生乳酪皆以盒子裝盛。

2020 年 9 月，仁愛市場這個攤位空了出來，立晏說：「朋友在旁邊的多好咖啡工作，覺得是個機會，就鼓勵我來承租。」年輕夢想就這樣展開了。

儘管生活與工作經驗都很嫩，突然就成了需自負盈虧的小闆娘，立晏幾乎沒休息，將全副心力都擺在甜點上。每天上午 10 點出門開攤營業，直到下午 5 點打烊，接著還得跨上摩托車採買食材，回家後匆匆吃幾口飯休息一會兒，就開始準備隔天販售的甜點，甚至得忙到深夜。

攤子很小，夢想卻很大。微乞的蛋糕充滿手作的用心，從食材挑選、酸甜度平衡到裝飾，每一份送到客人面前的甜點，她都堅持需仔細裝飾。看著她在這邊加點奶油、那邊淋點果醬、上頭擺放草莓，小小一個蛋糕就這樣慢慢變成美麗甜點。

看著布簾上的「微乞」微微飄動，總有一種恬淡的喜悅從心裡慢慢溢出來。

販售的品項雖不多，但都是立晏的自信之作，品項以戚風蛋糕、起司蛋糕為主。我特別喜歡季節水果戚風，不管是楓糖、伯爵茶或抹茶風味蛋糕體，質地都蓬鬆柔軟，結合時令水果的酸甜韻味，吃來格外舒坦。

至於以 creamcheese 加酸奶、檸檬汁、鮮奶等製成的生乳酪，或是重乳酪起司蛋糕，滑順的口感與協調乳香，也都讓我愛不釋口。還有貝殼形狀的檸檬磅蛋糕，「表面酥、內在軟，是來市場買菜的阿姨們最愛。」立晏笑著說。

我覺得很有趣的是麻糬蛋塔，咬下酥香塔皮與滑潤蛋奶餡，裡頭居然有自製的軟 Q

楓糖水果戚風蛋糕質地輕盈，搭配草莓、鮮奶油、焦糖醬很契合。

麻糬，口感十足，吃了食趣橫生。

小攤子僅有 4 個椅子可坐，能一邊吃著蛋糕與陳立晏聊天。偶爾，我在一旁的多好喝咖啡，也會就近跟微屴點份甜點端過去吃。

在仁愛市場開店，最大滿足來自客人們的反饋，「雖然不認識，但聽到他們對我喊加油，都會覺得很溫暖。」立晏說，「只要聽到客人的鼓勵，心情就會很振奮，也提醒自己要好好努力。」是啊，這就是我們基隆人的人情味。

下回經過微屴，別忘了輕輕跟立晏說聲「加油！」這時妳會看到，一朵如花般的美麗微笑從她的年輕臉龐綻放出來。

甜點售出前，立晏都會非常用心仔細妝點。

巧克力奶酥起司蛋糕香甜不膩，意猶未盡。

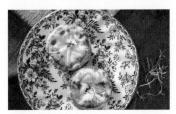
焦糖麻糬蛋塔結合酥香塔皮與軟 Q 餡料，創意十足。

Data

微屴

☎ 0910-217-719

📍 基隆市仁愛區愛三路21號2樓攤位B3(仁愛市場 林家水餃斜對面)

來一場
老派約會

Chapter

04

曾是台灣最與世界接軌的港口，基隆各個角
落坐落著許多優雅建築，或許染上了歷史痕
跡，卻不難發現港灣昔日的繁華。

這幾年，基隆少年仔紛紛進駐老宅創業，
注入了新血與活力，在咖啡薰陶下，老宅
彷彿獲得重生，演繹出新風情。

洗石子外牆、磨石子地板、鏤空蕾絲花磚、
鐵窗花，或許是紅磚厝、典型三窗四柱西
洋建築，乃至於文藝復興風格老建築或日
治時期遺留的和風木房。

在基隆，你能在老派優雅的建築裡，品飲
一杯好咖啡。

蕾絲花磚裡的
浪漫食光

/ 安樓咖啡 /

安樓咖啡最迷人的是那片被網紅暱稱為「蕾絲花磚」的窗景，最好的欣賞角度在 2 樓與 3 樓。選一個陽光燦爛的日子，靜靜坐著望向窗外，這時，你會看見陽光灑落街道，再透過這片鏤空的蕾絲花磚透進來，在眼前幻化一片片的光影花瓣，隨著時間流逝與陽光角度不停變幻，某些地方還會出現一個「安」字，那巧思與細緻，讓整個空間充滿了韻味。

很難想像，這個空間是由一棟已經超過 60 年、曾經處處漏水的老建築改建而成。在化身如今面貌之前，曾是基隆在地畫家王傑的畫室，如今空間不是大家印象中的畫室五顏六色，而是非常乾淨的白、植物的綠、中國風原木傢俱加上花磚光影，簡簡單單幾個元素，帶來滿是典雅的詩意。

「除了是咖啡店，安樓還不定期邀請基隆在地青年畫家、設計師、花藝等年輕藝術家來佈展，是小小的美學空間。」

當陽光穿過花磚灑進屋內，室內充滿迷人光影。

為了讓安樓咖啡與基隆在地青年產生連結，店內甜點除了著名的台北時飴千層蛋糕外，多半與基隆在地年輕甜點師傅合作，包含起司蛋糕、磅蛋糕、生乳酪，還有創意獨具「新來的蛋糕」，會隨季節與創意變換品項。通常懂吃的客人會詢問有無「雙層芝麻起司蛋糕」，那厚重乳酪與渾厚黑芝麻香氣揉合在一起，會意外帶來在口中迴盪的輕盈滋味。

在冬天，雙層芝麻起司蛋糕搭配貝里斯奶酒拿鐵是絕配，暖暖的通過喉間，讓基隆的冬季雨水起了朦朧與溫度；到了夏天，西西里冰咖啡是最好的搭配，選用中淺焙的豆子，結合每日從仁愛市場採購的新鮮檸檬，最難的是檸檬與咖啡間的比例要拿捏剛剛好，一過頭就成了調飲果汁，但在安樓，淺焙豆的酸與檸檬的酸會層次分明在口中激盪，冰冰涼涼又帶著些許酸甜，非常消暑。

除了甜點，女主人 ENZO 的得意之作是運用仁愛市場老店順記紅燒肉調製而成的 XO 麵麵，微微的辛辣醬料與寬厚麵條，搭配味道乾爽的紅槽肉片、滑順口感的溏心蛋，那滋味就如基隆山山海海一樣充滿層次與變化。

安樓咖啡之名來自女主人的英文名 ENZO，並非基隆人的她，參與基隆城市產業博覽會後愛上基隆，花了幾個月走訪街頭尋覓到這棟老屋，再運用自己的空間佈置與改裝天份把一棟老屋變成如今的典雅。除了是咖啡店，安樓還不定期邀請基

利用窗景、光線、線條切割，讓整個環境充滿光影韻味。

多數甜點與基隆在地青年甜點師合作，黑芝麻起司蛋糕口味非常濃郁順滑。

XO 麵麵是安樓最知名的點心，使用的是基隆仁愛市場老店紅燒肉。

安樓內部空間極小，但透過巧思
設計，讓狹窄樓梯也充滿詩意。

隆在地青年畫家、設計師、花藝等年輕藝
術家來佈展，是小小的美學空間。

安樓距離廟口夜市走路不用 2 分鐘，而上
方丘陵山頭就是許梓桑古厝所在，是一個
同時兼具繁華與幽靜歷史感的地方。我喜
歡在陽光燦爛的日子走進安樓，喝著咖啡，
隔著花磚，透過陽光，你會看見，那屬於
老基隆的浪漫時光。

一杯咖啡、一點光影，就有許多沉思。

Data

安樓咖啡

☎ (02)2425-0220
📍 基隆市仁愛區仁三路11之3號

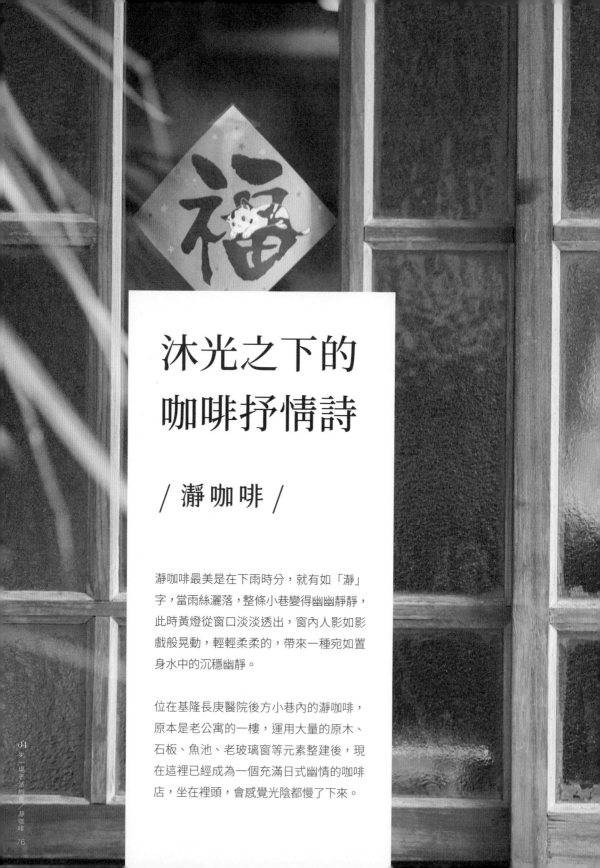

沐光之下的
咖啡抒情詩

/ 瀞咖啡 /

瀞咖啡最美是在下雨時分，就有如「瀞」字，當雨絲灑落，整條小巷變得幽幽靜靜，此時黃燈從窗口淡淡透出，窗內人影如影戲般晃動，輕輕柔柔的，帶來一種宛如置身水中的沉穩幽靜。

位在基隆長庚醫院後方小巷內的瀞咖啡，原本是老公寓的一樓，運用大量的原木、石板、魚池、老玻璃窗等元素整建後，現在這裡已經成為一個充滿日式幽情的咖啡店，坐在裡頭，會感覺光陰都慢了下來。

店貓「國榮」是瀞咖啡幕後主人，雖然不太理人，卻讓店內充滿了樂趣。

我喜歡在吧台邊看 Sylvia 沖咖啡，這位基隆最年輕的咖啡店老闆娘剛剛20歲出頭，瘋狂迷戀《霸王別姬》電影裡那深沉濃烈的愛恨交織，迷戀到把店貓命名「國榮」，再將自己命名為「國榮的媽」。

看 Sylvia 沖咖啡就像看一場《霸王別姬》的戲碼，為了沖好咖啡，Sylvia 曾經沒日沒夜不停練習，從取豆、秤重、放濾紙、注水、轉圈、燜蒸，從咖啡磨豆粗細、水溫、手沖流速與濾杯形狀，每個流程步驟背後都有著對於不同豆子的特性掌握，就像京劇臉譜的揉、抹、勾般充滿韻味，透過極細極緩的水柱構築咖啡牆，萃取出的咖啡果香與果酸非常細緻純淨，就像激情過後的一首抒情詩。

瀞咖啡多數是淺焙豆，更能展現咖啡的水果本質，我的最愛是尼加拉瓜米耶瑞許愉悅莊園的蜜處理，入口後的黑莓、葡萄乾與櫻桃香氣很濃郁，並帶有紅酒酸質，非常飽滿。

日本麵粉、法國依思尼奶油，以及京都小山園抹茶粉，這些是瀞咖啡另一項秘密武器，特別是面對價格高昂的法國奶油與京都抹茶粉，瀞咖啡毫不手軟，將其製成奶霜之後做成抹茶蛋糕生乳卷，搭配一杯抹茶拿鐵，入口後那來自京都的抹茶甘苦滋味在口中久久不散。

瀞咖啡小小一家店共有 7 名員工、兩隻貓，除了黑白貓國榮，另有一隻黑貓巴斯特，牠們算是瀞咖啡的公關擔當與顏值擔

以老公寓改建，充滿些許日式風情與悠閒。

瀞咖啡因為地緣與氛圍，成為許多基隆長庚醫護的秘密基地。

提拉米蘇口感濕潤，入口滿是可可香氣。

抹茶蛋糕生乳卷是澌咖啡招牌,來自京都的抹茶甘苦滋味在口中久久不散。

當,每當天一亮,兩隻貓就站在窗口研究小巷動靜,等開了店門後就到庭園漫步曬太陽,心情好時會陪客坐檯,心情不好會對演「霸王別喵」。

一個人靜靜坐在澌咖啡,看著光影隨天色不停變幻,窗戶外,也許有著陽光、也許有著綠意樹蔭、也或許雨絲正在飄落,一種屬於這條小巷的時光,總會這樣隨著貓咪呼嚕聲,靜靜流洩。

澌咖啡大量使用京都小山園抹茶粉,從飲料到甜點,甘苦滋味很迷人。

Data

澌咖啡

📞 (02)2433-5188
📍 基隆市安樂區安樂路二段166巷32號

令人拍案叫絕的
千層蛋糕

Bravo!

手工大壩千層蛋糕是鎮店之寶，層層夾入當季水果，相當有滿足感。

/ 三奇壹號 /

手工大壩千層蛋糕是三奇壹號鎮店之寶，
它第一眼給人印象是滿滿水果，滿到以為
是水果派，但只要切一小片放入口中，新
鮮芒果汁液或草莓酸甜滋味會迅速在口中
散開，同一時間，千層蛋皮的滑嫩與奶油
香甜會慢慢滑向舌尖，讓人根本張不了
口，這時就能充分了解「大壩」這兩個字
代表的意義，只能緊閉著嘴感受那股由水
果、奶油與派皮在口中洩洪的甜蜜魔力。

製作這款千層蛋糕難的不是食材成本高，
而是要能在小小蛋糕體中把水果層層堆疊
卻不鬆垮，包含水果處理、派皮厚度、堆
疊角度與比例都要算得精準，之所以能做
到這樣，是因為合夥人之一的張家齊是餐
飲科系專業出身，而且曾在百年糕餅店磨
練了好幾年的手藝。

三奇壹號店門外的彩繪，畫面頗為有趣。

老招牌與船舵都訴說著江家過去的輝煌。

三奇壹號千層蛋糕另一個特色是「大」，比台北高檔千層蛋糕大一號且便宜一兩成，每片價格落在 160 到 180 元間。搭配蛋糕，手沖是不錯的選擇，三奇壹號在精品咖啡豆的挑選與處理上很有水平，但店內點單率最高是「奶蓋系列」，奶蓋伯爵奶茶跟奶蓋小山園抹茶拿鐵都很受歡迎，我最愛奶蓋冰拿鐵，喝來滿是滑順與濃郁的口感，加上沒被搶味走丟的咖啡果酸，一片蛋糕、一杯咖啡、在那充滿海洋漁業意象的空間裡，就能讓人甜到心坎裡。

除了千層蛋糕，這邊還有口味獨特的千層鳳凰酥，運用千層蛋糕的鮮奶蛋皮加上鹹蛋黃內餡製成，一口咬下，餅皮的爽朗口感與蛋黃鹹香超搭，不只美味，也是很好的伴手禮。

值得一提的是，咖啡店主人江鎮源家族約在清光緒 20 年來台，於基隆廟口附近成立「江義隆」商號，從事日本瓷器代理與買賣，並於民國 30 年代投入漁業，江家阿公曾擔任基隆漁會理事長，「三奇壹

拿鐵奶香濃郁，咖啡甘苦滋味相當好。

三奇壹號為兩棟建築相連，兩個空間各有不同韻味。

號」便是當時江家第一艘漁船的名稱。

三奇壹號空間是由兩棟緊鄰的屋舍組成，一棟是以前的船員辦公室，另一棟是歷史已近90年的老建築，其中最迷人的是磨石子階梯，圓弧角度充滿老派優美，是許多網美的必拍角度。上樓之後，檜木老傢俱與衣櫥隔間，會讓老派情懷慢慢升起。

為了彰顯家族曾經參與的漁業輝煌，江鎮源也把許多阿公留下的漁船船舵、纜繩、魚網、魚燈等作為元素妝點空間，並非常努力的參與各種咖啡課程與認證，來這裡不只有咖啡和甜點，還可以聽到很多基隆漁業老故事，與過去對話，沒有距離。

巧克力香蕉千層滋味非常獨特，入口之後滑順奶油溢滿口腔。

全新推出的千層鳳凰酥，是千層蛋糕的創意延伸，也是百年商號的延續。

Data

三奇壹號咖啡館

📞 (02)2422-3317
📍 基隆市仁愛區愛二路54巷2號

復古視覺系的華麗美味

/ 金派甜點 /

「老舊公寓裡有大量壁畫、優美燈飾，有保險櫃變成的桌子、老件沙發等，巧妙融合新舊和諧且優美。」

紅白磁磚與裝滿球的浴缸，成為網美們最愛的拍照打卡點。

公主草莓千層是金派招牌甜點，草莓口感微甜微酸且入口噴汁，隨著奶油在口中滑順流轉。

金派甜點是一家常會有驚喜的店，主廚非常擅長運用果醬、乳酪與巧克力創造滑動感，當甜點擺放面前，你會覺得像有個迷你舞者正在餐盤中舞動，也許雙袖輕盈、也許裙擺飛揚，五顏六色的水果與奶油漸層色彩，充滿了秀麗與美感。

像是泰奶 oreo 千層屬於創意口味，先把泰奶慢慢熬成醬，接著與 oreo 一起混入千層裡，咬下去，都不知泰奶醬汁會從哪個角度冒出來，而當滿口恣意感受滑順時，oreo 的爽脆又會突然從唇邊爆開來，分分秒秒充滿驚喜。

另款伯爵白葡萄千層只用一兩顆葡萄稍稍點綴，但主廚很大方，每口咬下，都有葡萄液在嘴裡噴濺，白葡萄的酸甜搭配北海道鮮奶油的滑順香甜，彷彿一種潔淨藍天的原野氣息在口中迴盪。

我更喜歡冬天的公主草莓千層跟夏天的夏之芒果千層，草莓和芒果口感都非常好，不會軟爛，入口後一股微甜微酸在口中激盪。很多人不理解，為什麼金派能有這麼多高品質的水果，其實答案很簡單，因為其家族就是基隆蔬果批發商。

基隆有很多很棒的甜點店，有的強調奶油、有的強調經歷與功夫，而金派讓人無法匹敵的，就是永遠可以取得最新鮮、品質最好的當季水果，再搭配日本北海道鮮奶油等頂級進口食材。

金派位於廟口附近的小巷子內，從階梯上去後會先來到 2 樓空白服飾選物店，再經過整面彩繪的花牆階梯，3 樓就是金派甜點。這幾年，有很多外地遊客因為甜點來到金派，還會順便在這幢基隆主要古著服飾基地逛街搜好貨。

金派家族是基隆水果批發商，因此甜點中的水果都是第一手優選，品質極好。

阮靖涵擅長利用各種新鮮水果，
結合千層派皮與奶油創造驚喜，
讓金派甜點得到許多擁護者。

「豬肉小姐」算是基隆古著店先驅，開張後就吸引許多年輕人，兩位創始人也決定再創新品牌，因此由李睿恆在隔壁幾步外的2樓創立「空白服飾」，再邀請另一位朋友阮靖涵利用3樓成立「金派甜點」。這就是店內 Logo 經常同時出現「空白」與「金派」，也常看到「豬肉小姐」的原因。

空白與金派的空間氛圍非常迷人，老舊公寓裡有大量壁畫、優美燈飾，有保險櫃變成的桌子、老件沙發等，巧妙融合新舊和諧且優美。

整個空間就如一個充滿驚喜的嘉年華會場，處處展現歡樂與創意。

金派甜點位於3樓，2樓的空白服飾則是基隆著名的古著服飾基地。

Data

金派甜點

📞 (02)2428-2479
📍 基隆市仁愛區愛三路75號2&3樓

正港粵式的
舌尖滋味

love at first

sight

/ 曙 · 初見咖啡 /

崁仔頂旁明德大樓二樓「曙 · 初見咖啡」
的港式菠蘿油是招牌點心，熱騰騰現烤上
桌，一口咬下酥鬆香脆的表皮，裡頭的冰
凍奶油會隨著咀嚼和口腔溫度接觸緩緩融
化。 酥皮的脆、熱、甜，加上奶油的滑、
冰、鹹等口感溫度與滋味在嘴裡交替，再
喝一口傳統的鴛鴦飲品，瞬間所有屬於粵
式的滋味湧現舌尖，讓人不禁讚嘆「非常
香港！」

店內有著濃濃 70 年代香
港時代感與王家衛風情。

由於風格獨特，曙・初見咖啡吸引不少電影與節目來取景。

「我希望來到曙・初見咖啡的，就是喜歡這裡，而專程要來的人。」

穿過明德大樓內見證基隆繁華的卡拉 OK，盡頭處就是充滿驚奇的曙 · 初見咖啡。

確實曙 · 初見咖啡賣就是香港，不只食物、滋味、空間，甚至女主人小鳳就是香港人。選址在明德大樓二樓角落，主要是這裡有和香港相似的氛圍，卡拉 OK、報關行、住宅、裁縫店等，多樣類型空間在此交會，而牽起這份基隆、香港情的原因，一切都為「追愛」。

當年從東京念完電影後回到香港，小鳳希望能在家鄉開間充滿電影畫面的個性咖啡店。不過咖啡店還沒開，卻在網路上認識了從事攝影工作的鄭閔仁，隨後嫁到台灣成為基隆媳婦。

取名為「曙 · 初見」，就是紀念鄭閔仁飛到香港，在晨曦曙光中兩人第一次初見的那份感動。

「我希望來到曙 · 初見咖啡的，就是喜歡曙 · 初見咖啡而專程要來的人。」店外招牌是方方正正咖啡底透光的白字，熟客推開木門，暈黃燈光卻又漾著紫色光暈，牆邊有著「願愛只如」四個大字霓虹燈管，暗黑、暖黃、陰鬱綠、對比強烈的藍紫等色調，坐在裡頭，像走進香港，走進王家衛的電影裡，一種等等就能遇見《花樣年華》張曼玉的香港情懷。

Data

曙 · 初見咖啡

☎ (02)2427-1882

📍 基隆市仁愛區愛一路103之1號2樓

委託行裡
的陽光

基隆委託行街區曾是台灣最時髦的地方，從估衣店到委託行，販售從世界各地帶進的水貨，成為台灣舶來品主要貨源供應地，80 年代全盛期甚至高達近 300 家。

隨著產業沒落，街區一度曾變得消沈、陰暗，這幾年隨著青年力量回鄉，找回過往榮耀的意識抬頭，並媒合房東與青年創業開店，人氣逐漸復甦，處處溢滿咖啡香。

當年為了讓批貨人潮不受陰雨干擾，街區 3、4 層樓高的天空加了遮雨棚，遮住了多雨，但陽光依舊能折射灑進來，彷彿找回榮光的青年力量，讓這裡再次成為充滿活力的地方。

甘苦淬煉
傳承咖啡夢

丸角主人柳建名（右）的兒子柳力
丰退伍後，跟著父親一起煮咖啡，
代表了基隆精品咖啡邁入傳承。

「咖啡就像人生，有甘有苦，是一滴一滴淬煉出來的。」

/ 丸角 /
自轉生活咖啡

「甘苦一滴」，門前小看板上頭這幾個字是我對丸角的最初印象。柳建名說：「咖啡就像人生，有甘有苦，是一滴一滴淬煉出來的。」

丸角自轉生活咖啡是基隆知名度最高的咖啡店之一，位於國道1號高速公路起點前，這一區在 1950 到 1980 年代是基隆委託行最密集的地方。

1971 年出生的老闆柳建名生長在基隆公務員家庭，在台北工專就讀工業工程，畢業後進入正在起飛的資訊業，直到年近四十，職場生涯有了波折，剛好接觸到正在興起的精品咖啡風潮，轉念一想，柳建名乾脆回基隆找了台腳踏車在街頭賣咖啡，取名丸角自轉生活，意喻「一個玩味咖啡的角落」。

騎腳踏車在街頭賣咖啡的想法雖浪漫，但洗杯子不方便，也常被開罰單，柳建名於是轉移陣地到九份定點賣單車咖啡，隨著對專業認識愈多，愈覺得自己還不足，於是重新進修打下厚實基礎，最後才開了丸角。

基隆咖啡文化盛行已久，老一輩愛的是重烘焙、重口味且價格低廉的虹吸式，手沖精品咖啡風潮當時尚未興起，因此丸角開幕前 3 年經營得非常辛苦，最後靠著甜不辣三明治迎來轉機。

基隆甜不辣傳承自日本魚漿文化，口感厚實，魚香韻味十足。柳建名每天到附近仁愛市場兩全購買現炸甜不辣，結合金山黑豬肉香腸，再淋上被譽為基隆小吃三寶的的丸進辣椒醬，甜不辣三明治一炮而紅，部落客與媒體紛紛到訪，隨著精品咖啡文化日漸盛行，丸角就此站穩腳步。

丸角名聲日益增長，許多懷有咖啡夢想的年輕人紛紛來取經，柳建名從不吝惜分享經驗，因此在基隆咖啡圈頗受敬重，這幾年多家倍受好評的新興咖啡店老闆皆曾在丸角歷練過，丸角也被譽為是基隆咖啡搖籃。

目前每天約有 6 到 8 支咖啡豆可選。丸角濃旨是開店至今都熱賣的綜合配方，顧名思義味道很厚重，拿鐵也是使用這款豆子，亦可手沖。我覺得最有趣的是咖啡炸彈，靈感來自於調酒深水炸彈，客人飲用時，自行將裝濃縮咖啡的小杯子投入加了

風味濃重的濃縮咖啡結合奶泡與牛奶，讓拿鐵喝來格外順暢。

肉桂卷內捲了焦糖核桃醬烘烤，搭配清新檸檬乳酪醬，口感與香氣很完美。

基隆甜不辣三明治口感厚實，魚香韻味十足，是招牌輕食。

x

糖漬檸檬的氣泡水裡，氣泡頓時湧至邊緣，喝來清新爽口。

有一陣子我常笑稱柳建名是被咖啡耽誤的甜點師，那時他常在仁愛市場裡的三好甜販售自製甜點，我最愛的就是肉桂卷。麵團捲了焦糖核桃醬烘烤，品嘗時淋上以自製糖漬檸檬加奶油起司打製的檸檬乳酪醬，淡雅的肉桂香、甜而不膩的焦糖、清新的乳酪醬，結合成完美比例。

2021年初，柳建名的兒子柳力丰退伍後，跟著父親一起煮咖啡，這應該是基隆首家邁入兩代傳承的精品咖啡店。柳建名說：「年輕人有自己的新思維，所以按他的想法，稍微更動了店內擺設與座位。」

柳力丰也設計推出了焦糖布丁，僅以雞蛋、牛奶、香草莢等製作，精準掌握蒸烤時間，軟嫩滑順的質地大受好評。

隨著丸角第二代投入，象徵著基隆委託行街區加入返鄉青年的年輕力量，看著父子倆同在吧台，感覺他們好像騎著門口那台單車，踩著咖啡豆釀成的踏板，後輪跟著前輪一路往前，相信基隆會愈來愈有青春活力。

柳建名是基隆精品咖啡先驅，也很樂於協助年輕人，許多基隆咖啡人開店前都會來此觀摩。

Data

丸角自轉生活咖啡

📞 (02)2427-3028
📍 基隆市仁愛區孝二路28號

老基隆人就愛這種油脂豐
厚的深烘焙曼巴咖啡。

風雨無阻
只爲這杯曼巴

/ 上選咖啡 /

現存基隆歷史最悠久的咖啡店就是上選咖啡，從民國 70 年代營業至今已近 40 年。它在崁仔頂旁明德大樓 2 樓，不是基隆本地人會有點難找。

我喜歡站在門口看著店內，它看起來很像「白天版的深夜食堂」，小小咖啡店裡一個吧台、幾張桌椅，一頭銀白髮色老闆娘童秀貞站在吧台後面煮咖啡，客人則坐在吧台前面看報紙喝咖啡，一旁擺著剛剛從菜市場買菜的紅白塑膠袋，然後彼此閒聊幾句，那種感覺，充滿了日常與基隆的人情味。

上選咖啡不賣甜點也沒賣簡餐，單純只賣賽風煮的黑咖啡，咖啡豆是深烘焙的曼巴或巴西，最受歡迎則是兩者混合的「曼巴

上選咖啡是基隆歷史最悠久的咖啡店。

賽風最能將咖啡甜味、香醇口感呈現出來。

咖啡」。煮咖啡時，不管多少人，童秀貞
都會一杯一杯煮，並依照每位客人喜愛的
滋味客製烹煮時間，盡可能萃取那深烘焙
的渾厚，且一定會燙杯，把最暖的溫度送
到客人手中。

靠近咖啡一聞，跟現在講究花果香的精品
咖啡不同，它就是一種熱力很足的火候滋
味，淡淡一層咖啡油脂浮在上頭，入口之
後，整個口腔會迅速被那渾厚刺激而分泌
唾液，然後一股回甘慢慢從喉頭昇起，這
就是 40 年前老基隆人最熟悉的咖啡氣味。

由於味道都沒走調，因此來訪的這幾乎都
是喝了十、廿年以上的老熟客。看著他們，
童秀貞可以非常清楚的指出那一位阿伯是
在郵局上班、那一位阿姨家裡開電器行。
其中最老資格的客人就是崁仔頂漁行聯誼
會理事長彭瑞祺，70 多歲的他從開店第一
天就來消費，直到現在每天下午 1 點前後
都會過來喝一杯，他說：「沒來這邊喝一
杯，就覺得今天有件事情沒做完。萬一真
的有事不能來，也一定要打電話跟老闆娘
請假才安心。」

童秀貞在 18 歲嫁到基隆，跟先生開咖啡
店時，正好是基隆委託行與報關行最繁榮
的年代，生意非常好，但原本幸福順遂的
生活卻在象神颱風那一晚因先生意外車禍
過世而破裂。那一年兒子 6 歲、女兒 2 歲，
她只能擦乾淚水扛起咖啡店。

磨碎的咖啡粉釋出速度很快，滋味瞬間
萃取。

從年輕到滿頭銀髮，童秀貞賣的不只是
咖啡，更賣人情與友情，還有老基隆的
溫柔時光。

巴西、藍山，都是基隆人喜愛的深焙韻
味。

家庭事業很難兼顧，一開始她把比較多的重心放在事業，還開了分店，直到有天長期受冷落的小女兒淚流滿面說：「我不是妳養的小鳥，不是吃飽就好。」那一句話重重傷了她的心，也讓她深切反省，於是決定結束所有分店，只留現在這一家店，每天早上來開門煮咖啡，傍晚前回家做晚餐，不再追逐金錢的安全感，卻因此跟家庭與客人都有了更多交流，就這樣一煮30多年，煮出了很多的友情。

來這裡點一杯曼巴，喝的是老闆娘的青春，也是基隆傳統的賽風滋味，那是走過繁華、走過高潮低潮，終於懂得品嚐平淡是多麼美好的溫柔滋味。

日復一日，童秀貞以賽風壺煮出基隆人熟悉的咖啡韻味。

注入燙過杯的咖啡，在最溫暖的溫度中送到客人面前。

Data

上選咖啡

📞 (02)2423-1324
📍 基隆市仁愛區愛一路60號2樓（明德大樓）

夏朵是基隆頗為知名的老咖啡店，牆壁有著
多年下來自然的燻黃色調，頗有城堡味道。

啜飲一杯
威尼斯的花神浪漫

/ 夏朵咖啡 /

愛一路曾經是基隆最繁華的地區之一。它緊鄰著港口,上方是明德大樓,後方是崁仔頂,再過去就是委託行街區。最昂貴的進口服飾店面、老牌華星飯店、華星牛排館,還有著名的林開郡洋樓都集中在這一區,而夏朵咖啡店在這裡已開了 21 年。

老闆詹其璐出生在基隆信義區,年輕時擔任汽車銷售業務練就了好口才,也常跑咖啡店,35 歲結婚後,為了讓夫妻倆安定下來,開始認真研究咖啡,太太馬維靜學習烘焙甜點,選在當時最多高級服飾店面的愛一路上開了夏朵。

店名來自 chateaut 城堡音譯,為了營造自己喜愛的城堡氛圍,詹其璐到處蒐集帶著濃濃歐洲風味老件,留聲機喇叭、骨瓷咖啡杯、古董相機、打字機、威尼斯面具,牆上是威尼斯聖馬可廣場前的花神咖啡館大圖輸出,開業多年來,天花板雕花也自然燻黃了,於是,一種淡淡的城堡氛圍彷彿渾然天生。

不少歐美郵輪客下了船在基隆街頭閒晃,很容易就走進夏朵,偏好歐洲風情的旅行社導遊和報關行、委託行員工也都成了常客,因為不禁外食,熟客們甚至買了大腸圈、豬肝腸等在地小吃也會來喝杯咖啡。

來基隆,當然要來一杯這種早年流行的賽風曼巴黑咖啡,滋味無比渾厚。

「愛一路曾經是基隆最繁華的地區之一。它緊鄰著港口，上方是明德大樓，後方是崁仔頂，再過去就是委託行街區。」

店內可見許多夏朵主人前往歐洲旅遊時帶回的紀念品或古董。

甚至有人是為了甜點而來，不論是起司蛋糕、伯爵茶慕斯或烤布蕾，甜點一律80元。馬維靜笑說：「這樣計價比較方便。我做的甜點以慕斯類為主，會刻意降低一些甜度，吃起來不甜膩。」

以 creamcheese、鮮奶油、雞蛋等製成的重乳酪蛋糕，起司味頗香濃。而提拉米蘇亦採切片式販售，因此以戚風蛋糕為底，結合馬斯卡彭起司、咖啡酒等，也是高人氣品項。

年輕女性、小朋友最愛的則是烤布蕾，表面灑糖粉以噴槍炙燒形成薄脆糖衣，用湯匙輕輕敲開，舀一匙入口，那滑順的質地、香甜的滋味，教我愛不釋口。

夏朵是那種愈夜愈有味道的咖啡店，營業時間到午夜，白天來的多是附近上班族或居民，當華燈初上，歐洲異國浪漫感油然而生，因此總有不少年輕族群在晚上 8、9 點後才陸續進門，感受夜晚的浪漫氛圍。

因為常客多，夏朵也推出咖啡熟客卡，每張一千元、可選 12 杯，每杯 100 至 140 元的咖啡，點餐時蓋個章就行，這種方式充滿基隆在地人情味。

這是一家可以很觀光，也能很基隆的咖啡店。

焦糖瑪奇朵淋上焦糖醬，香甜可口。

甜點都是老闆娘親手製作，甜而不膩。

Data

夏朵義式咖啡

📞 (02)2428-3877
📍 基隆市仁愛區愛一路56號

街邊吹來
一陣賽風

只有在基隆，才能發現許多以賽風煮咖啡的街邊
店。在廟口、港口或住宅區，基隆人坐在騎樓下
喝杯現煮賽風咖啡是日常風景。

早在日治時代，咖啡香就已飄散在日本人聚集的
基隆街區，因港口業務蓬勃發展，民國 50 至 80
年代，美軍、委託行、報關行、港務局與碼頭工，
都讓基隆酒吧與咖啡更加盛行，不用到西餐廳，
街頭咖啡文化已逐漸生根。

小小店面或小攤子，擺放幾張桌椅，就能讓基隆
人稍作停歇，飲一杯咖啡、話幾句家常，甚至買
了便當、帶了小食，也一併吃了起來。

咖啡，對基隆人來說就像空氣中帶著鹹鹹的海洋
氣味，那是日常、那是生活。

Chapter /06

從愛情開始的
多拿滋

/ 陳食滋味 /

營養三明治是基隆招牌美食，它其實是多拿滋的一種，是越戰期間美軍駐紮基隆港時帶起的特色食物，除了廟口之外，在七堵夜市或安樂區等地也有味道很好的攤商，是基隆人日常滋味。2020 年在舊基隆火車站附近開幕的陳食滋味，販售的是升級版的多拿滋，開幕短短不到半年已經成為口碑名店。

陳食滋味老闆陳逸君原本在基隆焚化廠擔任技術人員，有一天下班到基隆老店超運牛軋糖買麵包，看到老闆女兒黃思佳站櫃檯，從此成了詩經中描述的「氓之蚩蚩，抱布貿絲。匪來貿絲，來即我謀。」意思就是這年輕小夥子天天都來，其實根本不是真心要買麵包，而是來打姑娘主意的。

因為愛情而開展了烘焙路，一起創業的陳逸君與黃思佳笑得很甜蜜。

街邊吹來一陣春風／陳食滋味

多拿滋有許多創意口味，這款厚
蛋花生火腿，甜鹹甜鹹非常開胃。

連續買了好幾個月麵包後，終於有一天陳逸君鼓起勇氣寫了紙條，留了電話，連同買麵包錢一起遞過去。還沒打算談戀愛的黃思佳原本不想理會，卻又覺得對待客人要有禮貌，於是發了手機簡訊去拒絕。這簡訊發了，就暴露了自己的手機號碼，於是陳逸君順藤摸瓜，終於把黃思佳追到手。

追到手後，哪裡還需要花錢買麵包，而是根本被超運老闆叫進去廚房幫忙一起做麵包。於是陳逸君辭去焚化廠這個大火爐工作，改到超運跟女友爸爸學如何控制小烤爐，並很快展現烘焙天份，一年之後就到台北內湖知名的 LE GOUT 上班，之後到天母的露特西亞跟法國師傅學更多技巧，接著擔任知名麵包師傅陳志峰烘焙課助

理，花了 10 多年打下厚實烘焙基礎後，於 2020 年回到基隆家鄉開店創業。

不同於基隆營養三明治強調熱熱吃，陳食滋味用的是台灣著名麵粉供應商「苗林行」引進的日本麵粉，每天清晨將麵包體炸好、放涼，接著開始製作餡料，等客人點餐後將麵包體從冰箱取出、剖開，接著依照不同口味加入紅豆泥或是卡士達、蛋沙拉、咖哩、奶糖、油漬番茄、肉鬆等甜鹹口味。

因為麵粉質地好，炸好放涼後，整個彈性與麥香會變得很明顯，第一口輕咬就像咬在棉花上，滋味非常純淨蓬鬆，但開始咀嚼後它會展現彈性與香氣，慢慢輕咬，每一口都非常享受。在口味挑選上，如果想

要好好的感受麵包體口感與香氣，我會選原味或奶香；如果想多點變化，我最愛煉上肉鬆，裡頭包的是基隆肉鬆老店以純豬肉炒製的肉鬆，再淋上北海道煉乳跟發酵奶油，甜鹹合體的香氣讓人難忘。

陳食滋味只有一個小小店面，門口僅兩三張椅子，木製檯櫃相當典雅，但沒有內用空間，所以多數客人都是買回家與家人共享，或到一旁海洋廣場看海景賞老鷹邊享用。值得一提是，女主人黃思佳總是面帶笑容，親切的服務讓許多客人印象深刻。

從焚化廠大火爐到烘焙店小烤爐，陳逸君烤出了自己的愛情路，也烤出了基隆回鄉路，而最得意應該是超運牛軋糖的老闆了，把一個來追他女兒的臭小子變成自己的好徒弟，更讓基隆街頭美味變得更精采，每次想到這裡，老闆就笑得合不攏嘴。

每一份多拿滋都會很細心的以厚紙包裹，除了有質感，吃起來也不沾手。

奶糖與原味屬於經典款，更能嘗到好麵粉帶來的 Q 勁與口感。

蛋沙拉與北海道煉乳紅豆泥是非常受歡迎的口味選擇。

Data

陳食滋味

📞 0912-592-366
📍 基隆市仁愛區港西街33號

佳家的咖啡多數採罐裝放在冷藏櫃中，
歡迎自取結帳，咖啡口感非常渾厚。

三角窗的
罐裝濃醇香

/ 佳家咖啡 /

開業 30 多年，許多客人都是從年輕黑
髮喝到銀髮，每次一買就是一大罐。

佳家咖啡旁就是周家豆漿與義美火鍋，
吃飽飽別忘來杯基隆人的咖啡。

早在台灣街頭到處都是茶飲店前，基隆人就已經這樣做了。那時，基隆人喝的不是珍珠奶茶，而是用深烘焙曼特寧加巴西以賽風煮成的曼巴咖啡，滋味非常濃厚，極速冷卻後裝罐帶走，就是佳家咖啡獨特的一味。

佳家咖啡就在著名的周家豆漿店與義美石頭火鍋旁，這一區早年被稱基隆人稱為「哨船頭」，也叫「基隆銀座」，清朝時曾是全台灣最繁華的商業街道，各種西服、和服、眼鏡、禮帽與鐘錶店家應有盡有，電影《悲情城市》就曾在此取景。

佳家咖啡面積很小，大概是 2 坪大的三角窗店面，民國 60 年代何家婆婆在此賣酸梅湯，後來基隆咖啡開始發展，因此轉行供應衛生冰塊給各咖啡飲料店家，同時兼賣咖啡豆、咖啡壺、奶精、奶油球等各種材料，並逐漸發展自己的罐裝咖啡。

佳家的罐裝咖啡滋味非常渾厚，舉例來說，一般小家庭用小鍋炒 4 人份的菜，跟辦桌師傅用大鍋炒 40 人份的菜，那滋味就是完全不一樣，不管火力或鍋氣都是不同量級。

佳家的罐裝咖啡也就是這道理，是以深烘焙的曼特寧加爪哇煮兩次後極速冷卻而成，每次沖煮不是幾公克計算，而是以幾磅計算，跟現在流行重視花香果香的淺焙豆完全不同，不會有所謂的酸韻與層次，而是入口就有 70 年代的渾厚咖啡氣味，是那種會刺激唾液分泌的好滋味，渾厚到就像把人丟進海中，不是慢慢濕掉，而是瞬間濕透，讓味蕾回到 30 年前。我在其他地方沒有喝過這種滋味，市售罐裝飲料也無法找到類似口味。

許多老基隆都是來這裡一買就2000c.c.一大罐，放在冰箱慢慢喝，罐裝咖啡有三種口味，黑咖啡、特調咖啡（黑咖啡加奶精）和拿鐵咖啡（黑咖啡加鮮奶）。若是純飲或飯後味覺恢復，我會選黑咖啡，如果是清晨搭配麵包或下午茶配甜點，我會選特調。

下次到基隆周家豆漿店吃蔥油餅或到義美吃石頭火鍋時，別忘了，走幾步路到旁邊的佳家，喝一口，你就會理解什麼是老基隆人的咖啡味。

Data

佳家咖啡

☏ (02)2427-3881
📍 基隆市中正區信二路 315 號

小市場咖啡沒有豪華裝潢，但充滿多樣巧思創意。

菜市場裡的
文青貓咖啡

小市場咖啡所在的暖暖碇內源遠市場，傍晚點燈後，特別有種回家感覺。

/ 小市場咖啡 /

當小市場咖啡上午 11 點剛開門營業，源遠市場正值熱鬧之際。坐在櫃檯旁，望著隔壁魚販大叔抓魚，刮起的鱗片反射出耀眼銀白光芒，一旁的菜攤阿姨們正在說笑，小鎮風情就在眼前流動，點杯以義式咖啡為底、覆上手打鮮奶油的小市場奶香咖啡，邊喝邊靜靜欣賞這幅景色，這就是生活，平凡，卻暖在心裡。

即便每天下午 1 點過後，菜市場所有攤販就打烊，這個位於暖暖的地方小市場變得空蕩蕩，空氣中瀰漫著靜謐魅力，散發出清掃過後的氣息，只剩角落的小市場咖啡還營業著，午後時刻來喝咖啡，彷彿包下了整個市場。

傍晚時分，當天光漸暗，小市場咖啡的燈光亮起，昏黃帶著藍調氛圍，這時除了咖啡香，更多人是來享用義大利麵與燉飯。

暱稱小魚的老闆劉琪涵，童年就在菜市場裡度過。早年母親在源遠市場裡賣肉燥麵，她的生活作息離不開這兒，是在攤商叔叔阿姨們的看顧下長大。8 年前媽媽打算退休，不捨得成長記憶裡的一大部分被抽離，小魚決定辭去設計工作，將麵攤打造成咖啡店。

小魚對源遠市場的感情深刻，曾是市場浪貓的中途之家，讓許多毛小孩找到幸福。愛貓的她在店內牆上繪製許多貓咪圖案，店貓老大也如其名，整個市場地最大，夏天時總大剌剌躺在磨石子地板上納涼，吸引了不少粉絲。她也曾號召攤商們一起舉

小市場的甜點、餐點，食材大多來自菜市場內叔叔阿姨們的攤位，更有滋味。

「打烊後的市場，
其實充滿了韻味。」

一生有
山海相伴

利用氣泡水加水果調製的不夜市場無酒精
飲品，打破菜市場只能買菜的傳統思維。

辦「菜市場裡的相聲比賽」，也在夜幕低垂的寧靜菜市場內舉行音樂會，讓原本沒落的市場充滿樂趣，也讓曾經空下來的20幾個攤位重新滿租。

更重要是，隨著咖啡店愈來愈穩定，擔任西餐廚師的弟弟也回來一起打拼，增加了義大利麵、燉飯等西式餐點。小市場咖啡不僅咖啡香，也成了菜市場裡的西餐，在傳統與創新之間，成了地方創生最佳典範。不管是點一盤蒜炒蛤蜊義大利麵，或是青醬剝殼鮮蝦寬版義大利麵，使用的海鮮都購自源遠市場攤商，而源頭正是崁仔頂最新鮮的魚貨。

飯後吃份提拉米蘇，咖啡與酒香氣味非常醇厚，甜度恰到好處，一份90元也是菜市場才有的親民價格。

入夜後，來杯不夜市場，這是利用氣泡水加水果調製的無酒精飲品。為了打破菜市場只能買菜的傳統思維，小魚設計了這款飲料，在夜色下手捧一杯五彩繽紛，彷彿喝著雞尾酒，此時的菜市場夜色充滿了魔力。

提拉米蘇是必吃甜點，滑順酒香與巧克力粉甘甘苦苦，滋味很好。

賣魚買魚，順便喝杯咖啡，在源遠市場已經成為日常。

Data

小市場咖啡

☎ (02)2459-4554
📍 基隆市暖暖區暖碇路36之1號

傳承55年的
甜蜜街邊味

/ 名古屋日式點心 /

阿發伯賣的是日式生菓
子點心，類似銅鑼燒。

羊羹口感綿密且不過甜。

依據口味會有不同的捲法與形狀。

每週五六日半夜到清晨製作完成後，就
會送上推車來到孝三路郵局門口販售。

每逢週五六日，孝三路62號郵局前都會出現小小攤車寫著「名古屋日式點心」，這是賣了55年的甜蜜滋味。

老闆阿發伯16歲在台北跟來自日本名古屋的師傅學藝，學成後到宜蘭南方澳擺攤，30多年前因基隆碼頭崛起，碼頭工人口袋滿滿，基隆人又很習慣日本文化，於是阿發伯遷居到基隆，這味道就這樣在基隆傳承下來。

阿發伯賣的是日式生菓子點心，類似銅鑼燒，講究天然原味，以一小片蛋糕皮包著內餡。「食材很簡單，就是雞蛋、糖、麵粉，不加發粉，沒有其他添加物。」阿發伯說，困難的部份是比例掌握，以及鐵板上烘烤時間與熟度。

點心內餡有多種口味，外表都是一樣的麵糊，靠形狀與包法分辨。阿發伯以湯匙將麵糊淋在鐵板上，或繞圓、或畫圈、或淋出線條，待麵糊表面微微冒泡後，鋪上餡料，儘管燙手，他還是快速將已成形的麵皮捲起，或拉角、或內縮，儘管外表看似相同，但仔細瞧就能分出些許差別，阿發伯笑說：「就是靠這樣分辨口味。」

人氣最旺的是奶油、紅豆、芋泥口味。內餡都是將原食材慢慢熬煮再打泥製成。我的最愛是芋泥，入口之後，麵皮先散出淡淡奶蛋香氣，質地軟軟綿綿，隨後芋泥香氣在口中迴盪，甜度恰到好處。

老基隆人也很愛白頭翁，這其實是紅豆丸，「外層是混合蛋白、糖粉和玉米粉打發的，裹在紅豆餡外表，蒸過後就變成白白一顆。」阿發伯說。

名古屋日式點心的製作地點在西岸碼頭中山一路上，若是深夜經過，在一片黑暗中看到店舖燈火通明，或許就能看到阿發伯站在熱燙鐵板前，一個又一個手工製作那曾見證基隆港繁華的甜點。

人氣商品白頭翁，是以紅豆裹糖粉後入鍋炊蒸，滋味獨特。

Data

名古屋日式點心攤車

☎ 0938-333-466
📍 基隆市仁愛區孝三路62號

在彩虹上
遇見青春

正濱漁港，曾是台灣第一大漁港，也曾沒落幽晦，但隨著和平橋與色彩屋的出現，老漁港蛻變成色彩繽紛的碼頭，咖啡館紛紛進駐，翻轉了城市活力，讓基隆從此擺脫陰雨灰暗印象。

天氣晴朗時，色彩屋倒影落在港灣，彷彿海上彩虹一般；被夕陽餘暉渲染的和平橋，猶如金黃色大道。

隨著漁會正濱大樓完成修復，串聯起色彩屋、八尺門、和平島考古遺址、和平島地質公園，這一帶形成擁有自然、文化、歷史特色的觀光廊帶。

來看看海洋城市基隆的蛻變吧！在正濱漁港喝咖啡，就像映在海天一色的瑰麗彩虹，心情也會跟著青春起來呢！

讓人心療癒的
好味冰品

Sea View

「金色日出」是將刨冰結合蘋果醬、冰淇淋和石花凍等，酸甜沁涼。

/ 海那邊 /

來到正濱漁港，我喜歡在正濱路這邊看看色彩屋，襯著藍天、綠山與港灣，心情不禁也繽紛起來。傍晚時分，我也愛坐在色彩屋港邊，等待太陽落下海平面那一刻，夕陽餘暉將和平橋染成一片金黃色。

色彩屋喚醒漁港的活力，進駐的店家也各有特色，海那邊就以療癒系冰品、飲品深得我心。店主 Jeff、Penny 夫妻倆原本從事設計、藝術相關工作，也策展辦活動和展覽，舉辦過「Hi！沖繩，島嶼生活節」、「基隆委託行 × 沖繩風車拉麵 一日快閃」等活動。

Penny 是和平島人，因為地緣關係，對這一帶特別有感情，希望遊客不只是看看色彩屋、拍拍照，也希望能走進來。夫妻倆將所學投注在這家店，空間布置、販售品項與餐飲味覺等全經過設計。

老闆娘 Penny 設計的餐點飲品都充滿美感。

海那邊想營造的氣氛都圍繞著海，Jeff 說：「因為是可以坐著看海的空間，所以夏天搭配設計過、味道很棒的冰品，一邊吃冰一邊看海；冬天東北季風呼呼地吹，可以品嘗熱騰騰冒著煙的關東煮。」

我最愛的冰品是開店就推出的金色日出，圓鼓鼓的刨冰淋了加酒、香草莢等熬煮而成的蘋果醬，上頭還有一球冰淇淋，挖開後，會發現裡頭不但也有蘋果醬，夏天還會放石花凍，冬天則藏了百香果凍，整體風味酸中帶甜很優雅。

「取名為金色日出，其實跟我們的海上經驗有關。我們很喜歡海，常常看到海上日出，當太陽離開海平面，會散出金色倒影，這蘋果醬就象徵金色倒影，冰淇淋就是那顆太陽，原本是開店前在家自己做來吃好玩

的，朋友品嘗過覺得很棒，於是在我們心裡種下開店的種子。」

基隆變美了，在和平島長大的 Penny 回憶，「和平島的環境很天然，小時候還會在皇帝殿烤肉。過去漁港這邊都是船廠，走路地上都油油的，現在好很多。」

「這是我們喜歡玩的地方，有船、可以游泳，希望能往好的方向發展，我們想開店帶出對這裡的情感，客人來會覺得是很棒的店，有設計想法，可以交流。」Jeff 說。海那邊基於對海洋的尊敬和保護，不使用一次性餐具，使用的器皿充滿生活感，感覺很放鬆、舒服，充滿質感。

從細節就能看出質感，像是換成了木製窗框，冰飲品從視覺到味覺都經過設計。取

琥珀紅豆麻糬不但吃得到混合桃膠的紅豆湯，還有烤麻糬。

名為日落和平橋的飲料，靈感來自夕陽灑在和平橋景象，以有機蜜鳳梨乾結合氣泡茶、薄荷葉。真葡萄泡泡飲是將氣泡水搭配以巨峰葡萄打製過濾做成的果醬，再以剝皮葡萄顆粒點綴，清涼爽口。

至於琥珀紅豆麻糬、宇治茶湯，選用萬丹紅豆，火候控制極佳，紅豆保留顆粒而不破，入口卻隨即化開，豆香與二砂甜味交融，不管是混入桃膠搭配烤麻糬，或是配上白玉、抹茶凍和日式煎茶，都讓我回味不已。

對生活美學的實踐不僅於餐點呈現，海那邊也進行國際交流，店內展示了琉球海人創作布巾，透過藝術，能發現早年和平島曾有琉球漁人聚落，兩地漁人交流捕魚技術，石頭船錨、挖海膽工具在和平島都曾廣被使用。

「基隆本來是很美的，但長期被認為破破舊舊，缺乏人氣，如今色彩屋讓基隆變美了，希望大家能走進來，享受美好的氛圍。」Jeff 說。

坐在港邊吃冰、喝飲料，感覺好悠閒。

真葡萄泡泡飲以葡萄果醬加氣泡水調製，清涼爽口。

手沖咖啡是隱藏版，可向店家詢問。

Data

海那邊

📞 (02)2462-0538
📍 基隆市中正區中正路529號

漁港裡的
浪漫詩篇

/ 圖們咖啡 /

圖們的 logo 說明了這家店的風格，將漁燈集合咖啡豆，充分展現這家咖啡館是以海洋、漁村為元素，並結合工業風。

從吧台往露台走去，漁港風景彷彿也融入了室內空間。我最喜歡坐在露台座位，望出去便是正濱漁港，偶有漁船駛過，將原本風平浪靜的港灣掀起陣陣波浪，坐在這裡喝著咖啡，漁港藍色風情一覽無遺。

圖們咖啡開了近 3 年，主理人王育君說：「這裡原本是母親的秘密基地，做為她的工作室、招待所。」從事室內設計的周美鈴決定將老宅改成咖啡館後，發揮自己的專業，將兩層樓空間融合漁村元素與輕工業風，運用大量漁燈、船舵、船纜和鈑金等裝飾，甚至使用不少老件，並以圖們 tuman 為店名，而 tuman 是早期台灣北部平埔族巴賽族對和平島的稱呼。

從露台座位望出去，便是正濱漁港的美麗風光。

義式咖啡屬於中深焙，拿鐵風味相當協調。

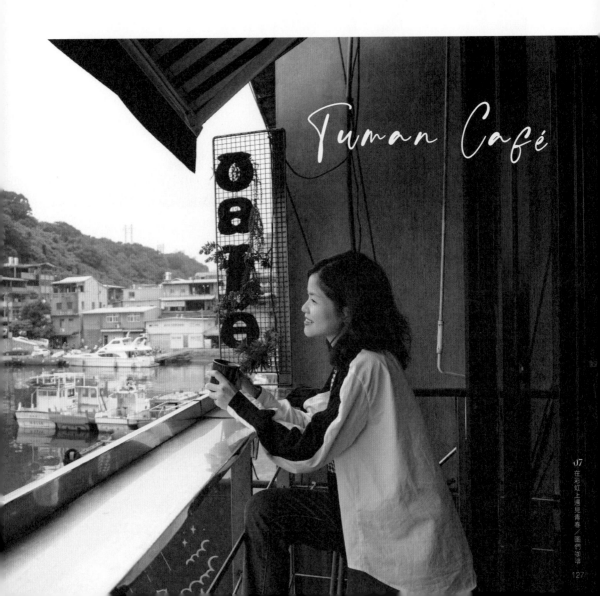

Tuman Café

萃取義式咖啡時的高壓蒸氣彷彿美麗圖畫。

「過去總有人說，基隆是被遺忘的城市，明明離台北這麼近，台北人卻覺得很遠。」王育君說，正濱漁港以前可是輝煌一時，日治時期曾是台灣第一大港，不但漁業興盛，也是金瓜石礦業的主要輸出港。

隨著產業沒落，正濱漁港原本彷彿停格的黑白電影，連在地人也不想來，但當一幢幢房子上了色彩後，仿若雨過天晴，正濱漁港成為每個基隆人心裡的那道彩虹。基隆不再灰暗，海洋城市沈寂已久的青春活力被喚醒了，不但在地人自豪，外地人也紛紛前來朝聖。

王育君說：「新興的觀光點可能會破壞當地環境，但正濱漁港並沒有這個問題。」圖們見證了正濱漁港翻轉城市生命力，也因裝潢風格成為打卡熱點，加上品質穩定的餐飲，成為觀光客最愛造訪的店家之一。

圖們的咖啡有相當水準，義式咖啡以中深焙為主，酸度較淺，帶著可可調性，像是拿鐵喝來順暢協調。手沖咖啡則以淺焙風味為主，使用 V60 濾杯萃取。若不喝咖啡，使用靜岡抹茶粉調製的抹茶拿鐵也值得一試。

至於甜點也頗有口碑，酸溜檸檬塔的檸檬奶餡氣味酸香鮮明，甜度恰到好處；蘋果千層派吃來甜而不膩，搭咖啡、配茶飲都契合。

除了咖啡、甜點，圖們供應的餐點僅有咖哩飯、烏龍麵與鹹派。若正值用餐時間，我一定會點份咖哩飯，店家強調是以大量洋蔥、紅蘿蔔熬製的無水咖哩，日式風味的咖哩醬汁融合蔬菜甜味與香料芬芳，吃來相當順口，除了燉煮牛肋條，也可搭配煎雞腿或小卷。咖哩飯也會附上溏心蛋與在地名產吉古拉。

手沖咖啡以淺焙風味為主，甘醇飄香。

酸溜檸檬塔滋味酸香，甜度恰到好處。

Data

圖們咖啡

📞 (02)2462-8727
📍 基隆市中正區中正路551號

被咖啡耽誤的
甜點店

Strawberry
Tart

小樽草莓塔的杏仁奶油餡、
香草乳酪卡士達都相當可口。

/ 熊豆咖啡 /

老是笑說熊豆是一家被咖啡耽誤的甜點店，老闆楊立宜開的雖是咖啡館，咖啡好喝沒話說，但甜點太迷人，專程跑一趟只為吃個水果生乳酪也值得。

沖咖啡、做甜點一手包辦的楊立宜笑說：「我的外號叫做大白熊，自己烘咖啡豆，所以店名取為熊豆。」過去就讀海洋大學的大白熊，畢業後，曾在海洋大學附近經營雞排店，從大學就愛喝咖啡的她，在開雞排店的 4 年內不斷進修，拿到了烘豆師、義式咖啡師等證照，也同時學習甜點製作。

熊豆咖啡位於正濱漁港旁中正路上，門口坐著一隻大熊布偶，坐在裡頭，透過大片玻璃窗，有種居高臨下俯瞰漁港的視野，店舖雖不大，但氣氛很輕鬆，常有熟客點點頭，大白熊就知道該做什麼咖啡；最讓我羨慕的是還有客人熟到一進門就鑽進吧台，居然自己磨豆、填壓、注水萃取，讓我也躍躍欲試。

每天限量 2 壺的冰滴咖啡，香醇柔順，韻味十足。

「門口坐著一隻大熊布偶，坐在裡頭，透過大片玻璃窗，有種居高臨下俯瞰漁港的視野。

大窗望出去就是漁港和色彩屋，彷彿一齣電影。

開店之初到處找店面，最後落腳漁港旁，除了喜歡海，大白熊笑說：「其實是媽媽散步經過時，剛好看到店舖張貼出租廣告，當下就付了訂金。」好大的膽子，5年前這條街並不熱鬧，那時沒有色彩屋，漁港總有著灰灰暗暗的感覺，更何況基隆容易受天氣影響，下雨天較少人會來這一帶。

「開了兩三年後，開始出現色彩屋，這裡變得比較熱鬧。」大白熊哈哈一笑，「有在做建設，看得到。」如今，咖啡香盈滿一室，正濱漁港從早到晚都能看到旅人來訪，好天氣拍色彩絢爛的色彩屋與海景，

即便陰雨濛濛，港邊也有一種淡淡的浪漫情調。

楊立宜自嘲，「本來想找個可以釣魚的地方，結果現在只能看人家釣魚。」

浪漫的情懷擱在心底，想顧全到好品質，大白熊自己烘豆，也自己做甜點。最膾炙人口的是季節水果生乳酪，口味會跟著季節變化，從春天的草莓，到夏季的芒果、葡萄，每一種都教人垂涎。水果生乳酪是以 Oreo 巧克力餅乾為底，再以 creamcheese 調和瑪斯卡邦起司，並以優格取代鮮奶油，讓風味更佳清爽淡雅，

結合或酸或甜的季節水果，吃來好滿足。

塔皮質地酥脆的小樽草莓塔也很受歡迎，以杏仁奶油餡搭配香草乳酪卡士達，再鋪上草莓，同樣會依季節更換為芒果、哈密瓜、葡萄、鳳梨等水果。

至於咖啡，每天約有藝伎等9款單品咖啡可選擇，另有義式、茶飲、現打果汁等系列。我很喜歡熊豆的冰滴咖啡，喝來香醇柔順，有著彷彿紅酒般的韻味。大白熊說：「我比較喜歡挑選淺焙的咖啡豆，帶著果酸味道，大概得滴上7、8小時，滴完之後必須冷藏熟成2天，會帶點類似酒香的氣味。」因較費時，所以每回僅有2壺份量。

至於加了奶酒的貝禮詩酒香拿鐵也頗有韻味，自家調配的綜合豆偏可可巧克力風味，冷熱皆宜。

熊豆也推掛耳包咖啡，中秋佳節甚至還會做鳳梨酥，大白熊笑說：「因為宜蘭的表哥有種土鳳梨。」不只如此，我還特別喜歡蛋卷，以全蛋白麵糊攤成薄餅煎熟，再包捲旗魚鬆、鮭魚鬆和花生等口味，質地薄脆，配著咖啡是絕佳組合，也是逢年過節送禮的好選擇。

蛋卷有旗魚鬆、鮭魚鬆和花生等口味。

拿鐵的奶泡綿密細緻，味道很協調。

皺皺凹乳酪入口滿是乳香，口感頗佳。

Data

熊豆咖啡

📞 (02)2463-1112
📍 基隆市中正區中正路579-1號

傾聽咖啡與
海潮的對話

love and
happiness

找到幸福是一家氣氛溫馨的小店。

/ 找到幸福 /
咖啡店

空氣總有一股鹹鹹的海潮味，那是基隆人再熟悉不過的故鄉氣味。坐在找到幸福咖啡店靠窗座位，望著正濱漁港、船舶，我不僅聞到了海潮香，也喝到了海潮味道。

找到幸福咖啡店的主旨是「跟在地共好」，所以老闆吳欣敏研發了透抽煎餅、海菜拿鐵、馬告檸檬咖啡等。咖啡和煎餅都加了和平島婦女採集的海菜，透抽煎餅的麵糊不但混合了海菜，還搭配在地知名的吉古拉，甚至還有一尾透抽，也是正濱漁港漁船捕獲的。

吳欣敏笑說：「海菜拿鐵就是要創造在地風味，但只限定冰飲。這一杯的基底是拿鐵，海菜先燙過去除雜質，打奶泡時加入一點海菜，杯緣抹上一圈鹽，像是調酒一般。」喝來能感受到海潮的香，彷彿夏天到海邊漫步的感覺。

「坐在找到幸福咖啡店靠窗座位，望著正濱漁港、船舶，不僅聞到了海潮香，也喝到了海潮味道。」

檸檬塔的塔皮以米穀粉製成，酸甜可口。

另一款馬告檸檬咖啡加了原住民常使用的馬告，搭配檸檬汁和濃縮咖啡等攪拌而成。馬告帶點檸檬香，還有著彷彿薑的淺淺辣度，很適合夏天飲用。「和平島這一帶也有原住民，雖然在基隆出生，但我是台中環山部落泰雅族人，想為這塊土地、我的族人盡一份心力。」

吳欣敏出社會十多年都通車到台北工作，5 年前決定創業，她笑稱「找店面就像真愛來臨時，對眼就對了。」在暖暖出生的她，對正濱漁港充滿感情，「以前念二信時，學生很多，放學後搭不上公車，就沿著祥豐街走下來，在中正路上搭車。我很喜歡這個港灣，以前的人對這裡的印象都是又髒又臭，現在不同了，漁船雖然變少，卻很乾淨，常有畫家來繪畫，很有文藝氣質。」

開店 3 年後，漁港旁的屋子彩繪了，從沒有人到人潮變多，吳欣敏說，「改變非常大，如今夏天港邊會辦 BBQ，在地青年也會辦藝術展，透過這些活動，讓大家體會原來我的家可以是彩色的，基隆原來這麼美。」

海菜拿鐵將奶泡混合打碎的海菜，散發出淺淺海潮鹹香。

透抽煎餅加海菜，搭配吉古拉和透抽。

Data

找到幸福咖啡店

☎ (02)2463-5660
📍 基隆市中正區中正路 559 號

Since Here

傍晚時分，彩霞映在海面
上形成一片瑰麗色彩。

收藏
一杯海上日落

/ 喜舍咖啡 /

喜舍咖啡看不到漁港，卻能在海上喝咖啡。

這是因為喜舍有艘像是遊艇的娛樂漁船停靠在正濱漁港，客人可以點了咖啡登船享用，是基隆唯一的船上咖啡座。

從中正路轉進正濱路，喜舍就位在一旁的老房，正濱漁港曾是繁榮熱鬧的漁港，周遭都是修船相關行業，打鐵、電機、電器都在這一排，喜舍所在地原是專門修理船舶電機的吉祥電機行，老闆決定退休後，由娛樂漁船喜洋洋號船長 Allen 承租，他找來和平島樂品喜塘老闆徐震銘合作，經過簡單裝潢成了現代感的咖啡館。

喜舍咖啡使用 2016 年世界咖啡師大賽（World Barista Championship，簡稱 WBC）冠軍吳則霖的濃縮配方咖啡豆，menu 裡有義式咖啡、風味咖啡、花草茶、微醺茶、精釀生啤等系列。我覺得很有趣的是青春喜舍，除了帶花香、果香的濃縮咖啡，還附上一杯蜜桃風味的膠原蛋白，先飲一口膠原蛋白，再自行兌入濃縮咖啡。

至於選用德國有機品牌的花草茶系列，莓比貝比有機水果茶喝來充滿水果芬芳；花草茶甚至也能做成調酒，初戀正濱港就是以花草茶加蘭姆酒調製而成。

客人可坐在港邊船上享用咖啡欣賞港景。

「我們想將船和休閒真正結合起來，可以遊基隆嶼、遊港，方便快速，而不是像以前港跟海距離很遠。」

喜舍裝潢簡潔明亮，充滿朝氣。

停在港邊的喜洋洋號就像是咖啡館的延伸空間，在船上喝著飲品，看著色彩屋，剎那間我還真有自己乘著遊艇出海的感覺。熱愛釣魚、潛水的 Allen 說：「喜洋洋經營了 5 年，是正濱漁港少數比較像遊艇的娛樂漁船，原本以載潛水客為主，過去出海都到基隆嶼、潮境公園、野柳等地，基隆沿海是不錯的潛點，珊瑚很多，潮境那裡還有沈船人工魚礁，石斑、龍蝦、海戰車都有，還曾有近百隻的燕魚群。」

「剛買船時，正濱很荒涼，沒幾家店，有時晚一點回港，下船想吃東西都找不到，房子都是工廠，馬路上野狗很多。後來刷了色彩屋，漸漸熱鬧了。」他笑說，「彷彿從陰間回到人間。」

Allen 說：「這三年變化很大，觀光客愈來愈多，感覺好像欣欣向榮。我們很期待中正路這一條文化古蹟修復，成為文化廊帶。我們想將船和休閒真正結合起來，可以遊基隆嶼、遊港，變得親民、方便快速，而不是像以前港跟海距離很遠。」坐船出海需要登記證件，咖啡館像是報到處，平日船若沒出港，在喜舍點了飲料，也能坐在港邊的船上喝。坐在船上喝喝咖啡，看看風景，感覺好愜意。

櫻花葛餅帶鹽漬櫻花風味，口感軟 Q。

抹茶蕨餅柔嫩有彈性，吃來十分可口。

青春喜舍是濃縮咖啡，結合蜜桃風味膠原蛋白。

Data

喜舍咖啡

📞 (02)2463-1088
📍 基隆市中正區正濱路 1-2 號

喝的不只咖啡
還有人生態度

Wanchu

/ 萬祝號 /

沒電話、無訂位服務、人到齊才能入座，
即便如此，萬祝號一開幕就天天爆滿。

咖啡館所在是1968年落成的四層樓建築，
曾作為漁業公司、釣具鋼索公司。我最喜
歡的是萬祝號保留磨石子地板、大理石樓
梯、花磚、斑駁牆壁，僅部分鋪上復古摩
登的黑白磁磚，擺上老件沙發、舊鐵櫃，
妝點些綠植栽，陽光透過落地窗灑落進
來，讓咖啡師在長型吧台裡的工作場景一
覽無遺。

經營者是吳承駿、李紹暐表兄弟檔。吳承
駿是基隆暖暖人，大學讀電影科系，畢業
後曾在廣告製作公司工作、在台南開燒肉
店。「2019年父親過世，因爺爺奶奶都
還在，我覺得必須回家，2020年回來基
隆，目標就是開店。」吳承駿說。

李紹暐讀淡江大學時就開始在咖啡店打
工，退伍後到丸角歷練，並升任店長，待
了近3年。在表哥吳承駿提議下，決定一
起創業。

萬祝號對面是造船廠，離舊漁會正濱大樓
不遠，1934年完工的正濱大樓舊稱「水
產館」，早年是基隆最重要的漁業行政中
心，「萬祝是我小時候看的漫畫名字，關

於海盜跟寶藏的故事。萬祝式大漁旗是日本千葉工藝品，祝大漁、祝福出海者滿載而歸，覺得很適合這個地方。」吳承駿說起店名由來，「我阿公 90 歲，以前在這邊船廠工作，他說過很多附近的故事，阿嬤家則是在漁會那裡做生意。」吳承駿笑稱事先做了功課，正濱大樓已修復，將作為文化用途，串連正濱漁港色彩屋，會帶動和平島觀帶發展，「這是基隆未來會發展的區域。」

吳承駿說：「過去一直在外地工作，回來基隆發現一些商店、攤販都跟我十幾歲時一樣，但有很多年輕人注入生命力，舊的東西還在，有新的建設和計畫添加許多新風貌，基隆逐步在改變。」

萬祝號規劃初期便透過社群軟體發酵醞釀，風格新舊混合，是老宅，也是工業風，甚至有人說是網美店。「現在開店就是要

把東西呈現給所有人檢視，器材、家具、植物，咖啡器具就是火力展示，人家一看就知道你的水準在哪裡。」吳承駿說。

磨豆機使用曾被 WBrC 世界咖啡沖煮大賽官方指定的 ditting 804 LAB SWEET，吧台後方牆上陳列李紹暐收集的各式濾杯，menu 品項不多，義式配方咖啡豆來自基隆小有名氣的 Homerun，單品來自台北信義區的室香，老闆是基隆人，曾在丸角工作過。

我很推薦 1+1，一杯 espresso 加一杯卡布奇諾，能感受到李紹暐的沖煮、拉花功力，尤其使用手拍土片拼接的壓花咖啡杯組，經典的海棠花紋好接地氣。

兄弟倆對細節講究從冰塊也能看出來，都是自行製冰，李紹暐說：「因為每顆冰塊的質地、重量都是飲品很重要的一部分。」

門口的座位處是網美拍照打卡熱點。

07
在彩虹上遇見青春／萬祝號

常態供應的鹽胖、肉桂胖都是李紹暐手作。肉桂胖就是肉桂卷，上頭灑了焦糖核桃，黑糖、肉桂的比例恰到好處，風味柔順，且刻意作成辮子麻花狀，讓加熱後的口感更加一致。鹽胖的材料很簡單，僅水、鹽、麵粉、奶油，灑些鹽花，簡單卻香醇，與咖啡十分契合。因無暇製作甜點，所以採客座方式邀請熟識的店家、職人限時供應。

咖啡品項可看出咖啡師展現的個性，開放式大吧台設計可說是零距離，坐在任何角度都能看到咖啡師正在手沖或操作義式咖啡機，算是基隆少見的型態。從咖啡豆研磨成粉、觀看沖煮方式，就像是一個秀、一場展演，這種開放式吧台，能輕易與坐在吧台的客人互動。

「我們想要的咖啡店是很接地氣，可跟第一次來的客人當朋友。咖啡就是一個媒介，連接人與人、連接在地、連接生活。」

這就是萬祝號的精神，「有咖啡的地方，沒有陌生人。」

1+1 包含 espresso 和卡布奇諾，可感受同款咖啡豆的不同風味。

刻意捲成辮子麻花狀的肉桂胖就是肉桂卷，還灑上焦糖核桃提味。

除了義式咖啡，咖啡師專注手沖是最美的咖啡店風景。

Data

萬祝號

@wanchucoffee

基隆市中正區中正路560號

和平島絕大部分區域隸屬和平島公園，以及
造船廠、水產試驗所與職業訓練所等公家單
位，地底下則有諸聖教堂與聖薩爾瓦多城等
考古現場，細細走訪可發現許多民間美食，
像是青苔水餃、肉包、粉圓冰、米苔目、天
婦羅等等。在這片歷史悠久的土地上，慢慢
閒晃，看看民居、迷你市場、阿美族部落、
天后宮，會有一種淡淡的人文樂趣。

我喜歡傍晚時分來和平島，坐在社寮東砲台
的砲座上，海風緩緩吹來，碧海藍天很快幻
化成五顏六色的晚霞，然後遠遠的，漁船從
基隆嶼前方劃過，就如 400 年來的歷史幽
情，在這片大海穿梭與流轉。

當歷史從
海上漂來

Heping Island

tnavigation
08　當歷史從海上漂來

149

270度海景中的
夢幻調飲

/ 雷達站咖啡 /

之所以叫雷達站咖啡，因為這裡以前就是
軍方雷達站，過往長年管制，遊客無法接
近，現在開放後，從環山步道旁的岔路上，
循著指標走上階梯就能抵達。

被漆成天空藍、草原綠的階梯，兩旁長滿
了各種低海拔植物，午后陽光灑下，景色
十分夢幻，可說是祕境中的祕境，一路到
頂，迎接我的是視野廣達 270 度的海景，
除了可眺望基隆嶼之外，被喻為全球最美
21 處日出之一的阿拉寶灣也在眼前。

這裡的佈置相當有趣，以工兵鏟、彈藥盒、
黃埔大背包等軍事元素妝點，訴說了這塊
土地的過往歷史。吧台師俊良從小就接觸
美術與表演藝術，重視調飲漸層色彩與拉
花線條，他笑著說，「再好喝的飲料少了
美感什麼都不是，再難喝的東西只要美觀
漂亮也都迷人！何況，我的飲料很好喝。」

青天白日滿地紅特調茶飲是雷達招牌，攪
拌後會變紫色，喝起來酸甜滿是水果香氣。

最吸引我目光的是青天白日滿地紅 Radar 特調茶飲，基底用藍柑橘與蔗糖攪拌融合為青天，加入冰塊與新鮮檸檬汁做為第二層漸層當白日，最後加入水蜜桃和覆盆莓製成的茶為滿地紅，漸層色彩非常漂亮，攪拌後還會變成紫色，喝起來酸酸甜甜滿是水果香氣，幾乎女孩子都會喜歡。

而充滿雷達意象的熱朱古力牛奶，加入適量的無糖巧克力粉，與熱水充分融合攪拌後將牛奶打成厚奶泡，再倒入融合好的熱巧克力，最後在厚奶泡上用巧克力醬做裝飾，呈現有如雷達般的網狀，俊良說：「很多人看到後都捨不得喝，就怕破壞了那線條美感。但熱熱的喝，濃郁略帶苦味的熱巧克力，真的暖胃又暖心。」

我自己則是偏愛愛爾蘭拿鐵咖啡，不像一般愛爾蘭咖啡會加威士忌，它是用無酒精愛爾蘭風味糖漿為基底，加入冰塊與牛奶，再慢慢倒入用義大利深焙咖啡豆萃取出的義式濃縮咖啡做漸層，最後倒入打好的冰奶泡，輕啜一口，先感受到的是濃濃奶泡香，接著是咖啡的甜度、酸度與愛爾蘭咖啡獨特的香氣，非常迷人。

日治時代和平島曾有 500 名日本沖繩移民定居，是當時台灣最大的琉球人聚落，因此和平島公園常以沖繩元素辦理各項「共島季」活動。雷達站咖啡也針對沖繩元素推出沖繩黑糖薑茶、沖繩海鹽咖啡等餐飲，用味覺來闡述歷史。

推薦可以試試沖繩黑糖磅蛋糕，熱熱吃，鹹中帶甜，搭配咖啡，還有雷達 270 度的遼闊海景，青春的色彩，就這樣在海邊散了開來。

雷達站地點隱密，即將抵達之前有隻彩繪軍犬，訴說著過往故事。

愛爾蘭拿鐵咖啡用深焙豆萃取義式濃縮咖啡做漸層，倒入打好的奶泡，濃郁香氣非常迷人。

沖繩黑糖磅蛋糕，鹹中帶甜，搭配咖啡很對味。

熱朱古力牛奶是將牛奶打成厚奶泡，再倒入融合好
的熱巧克力，呈現有如雷達般的網狀，好看好喝。

Data

雷達站咖啡

📍 基隆市中正區平一路360號

一杯咖啡時光
聆聽基隆海

Keelung

坐在戶外用餐區，一杯香醇精品咖啡
配上無敵奇岩海景，人生夫復何求。

在海濱遇見
精品咖啡

樂品喜塘是少數在風景區中提供精品豆的咖啡店，
且用的是世界咖啡大師冠軍吳則霖烘焙的豆子

/ 樂品喜塘 /

走進和平島公園，最醒目的就是有著西班牙聖薩爾瓦多城風格的遊客中心，裡頭有不少餐廳，我每次不會錯過的是3樓的樂品喜塘，可以喝到令人驚喜的精品咖啡。

樂品喜塘主人徐震銘早年從事廣告與旅遊業，曾長住印尼峇里島從事旅遊與戶外證婚活動。前些年為了在和平島推動戶外證婚活動，設了小小咖啡吧讓洽談者享用，沒想到證婚活動還沒紅，咖啡反倒大受好評，其中一個原因就是使用世界冠軍吳則霖烘焙的咖啡豆。吳則霖曾在2016年獲得WBC（World Barista Championship）世界咖啡師大賽冠軍，是台灣第一人，精準的數據分析讓每批咖啡豆都維持在高品質。

徐震銘說：「不同品種的咖啡豆各有風味，吳則霖的烘焙專業讓我們很有信賴感，每支咖啡豆都能忠實呈現自己的風土本色。」目前樂品喜塘3款手沖淺焙單品咖啡豆和義式咖啡深焙綜合豆都來自吳則霖，另有3款委託專人烘焙的單品豆。咖啡豆品質好，沖煮方式自然也講究，徐震銘會根據咖啡豆特性，注水時盡量以首段高溫帶出香氣與酸甜感，後段注水則降低水溫避免澀感。

有了好咖啡還不夠，徐震銘也積極尋找在地食材呈現和平島滋味，店裡推出的石蓴乳酪蛋糕與石蓴餅乾就充滿在地特色。和平島是石蓴重要產地，著名的老梅綠石槽附生的藻類多屬這一類，每年冬春交接之際居民會來採集，可煮成石蓴蛋花湯，或做成青苔水餃，也能曬乾後磨成粉。徐震銘將乾燥石蓴粉加入蛋糕或餅乾，讓原本的蛋奶香與甜蜜滋味多了一股天然鹽味，慢慢咀嚼，會散發出海洋氣息，感覺非常解膩。

另一款隱藏版飲料懷珠石花嶼，則是利用東北海特產石花凍，搭配菊花茶、紅蓮珍珠與黑糖而成的特調飲料。一顆一顆淡橘色珍珠在半透明玻璃杯中飄蕩，看起來彷彿宇宙星球的朦朧感，風味清爽，在夏日喝上一杯分外清涼。

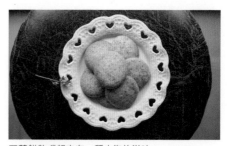

石蓴餅乾嚐起來有一種大海的滋味。

Data

樂品喜塘

📞 (02)2462-1681

📍 基隆市中正區平一路360號遊客中心3樓

二樓小嶼窗口向外看就是
基隆嶼與整片的藍天白雲。

海景旁的
輕食小吧台

/ 小嶼.藍食謐境 /

咖啡也能搭配珍珠，口感絕佳。

石蓴奶油千層派有著酥脆
口感與來自海洋的滋味。

除了樂品喜塘，想選一處地方坐下來喝咖
啡賞海景，遊客中心二樓還有小嶼和藍食
謐境。想好好瞧瞧基隆嶼，站在二樓小嶼
旁的廣場望出去，就在視野的正前方，小
嶼的 400 次咖啡加了沖繩黑糖珍珠，是很
受歡迎的飲品，而石蓴奶油千層派與石蓴
肉包，則是和平島專屬的海洋韻味，也值
得試試。

若想吃點不一樣的，藍食謐境提供多種異
國料理，其中最受歡迎的是「蟹蟹濃」，
主廚運用基隆在地的花枝、蛤蜊、蟹肉等
海鮮煮成濃湯，以羅宋麵包裝盛而成的海
鮮盅濃湯，不但造型吸睛，滋味也頗受好
評。

藍食謐境有著藍彩色調，讓人放鬆。

蟹蟹濃是運用基隆在地海鮮搭配羅宋麵
包組合而成的海鮮盅濃湯。

Data

小嶼

藍食謐境

📞 (02)2462-0214

📍 基隆市中正區平一路360號遊客中心2樓

看，老鷹來了

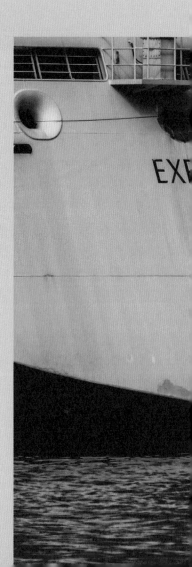

每個基隆囝仔應該都跟我一樣，小時候喜歡到基隆港口看大船放尿，看著漁船、貨輪、軍艦來來去去。後來蓋了海洋廣場，大船入港的風景也從貨輪逐漸變成郵輪，橫跨忠一路的中央獅子橋也拆了，街仔視野變得更寬敞、更漂亮。

基隆一年四季都能看到老鷹，入秋後至隔年一月，更是老鷹群聚高峰期。坐在明德大樓二樓的咖啡館，從大片玻璃窗望出去就是基隆港，港口上總有老鷹飛舞；即便坐在一樓騎樓下的咖啡座，也充滿了左岸風情，能清楚欣賞雄鷹飛翔的英姿。

在這裡喝咖啡，不時你會聽到「看，老鷹來了！」

Chapter

09

崁仔頂漁市
夜未眠

凌晨 2、3 點，多數人好夢正酣，各地買魚的人潮已擠滿崁仔頂。

燈光下，陳列著一箱又一箱的魚貨，採買的人以銳利眼光掃描著，伴隨糶（ㄊㄧㄠˋ）手（拍賣魚貨的人）此起彼落的喊價聲，此時此刻，崁仔頂是全台最有生命力、最熱鬧的地方。直到 5、6 點日光乍現，人潮才逐漸散去，地面上只留下刷洗後的水痕，散著鹹鹹海水魚味。

早年旭川河穿過市區連接基隆港，便利交通讓這一帶成了全台漁獲種類最多的交易市場，後來上頭蓋起了明德、至善、親民三棟大樓，白天是商場，入夜之後，大樓旁搖身變成崁仔頂漁市。

白天深夜兩種風情，這就是基隆。

「入夜之後，大樓旁搖身變成崁仔頂漁市，
白天深夜兩種風情，這就是基隆。」

攏是爲著愛情來浪流連

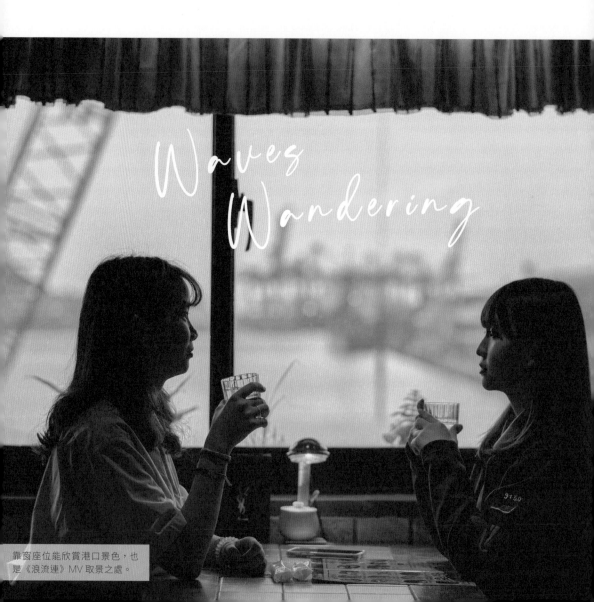

靠窗座位能欣賞港口景色，也是《浪流連》MV 取景之處。

/ 鳥巢咖啡 /

在基隆提到咖啡簡餐，許多人應該跟我一樣，首先聯想到的是鳥巢咖啡。開在明德大樓 2 樓、面對海洋廣場的鳥巢咖啡，大概是基隆歷史最悠久結合餐飲的咖啡館，即便沒有華麗裝潢、少了酷炫打卡菜色，卻一開 32 年。

老闆蕭進中笑說：「開咖啡店後我就改姓『鳥』，大家都叫我鳥老闆。」鳥老闆跟過往許多基隆囝仔一樣，18 歲就離開基隆到外地工作，30 歲才返鄉，「老婆從事貿易，我是做燈飾的。年輕時她設定了一個願望就是開咖啡館，心裡想著將來她煮咖啡，可以過得很休閒、很美麗的生活，為了這個目標就頂下這家店，圓老婆一個夢。」

取名為鳥巢，或許是因為遊子想家了，或許是營造溫暖得像家一樣。沙發卡座、桌邊小燈加上臨窗賞景的優勢，逐漸成為情侶約會、學生聚餐、朋友談心的熱門店家，也從原本的 2 樓，再打通 3 樓增加座位。

鳥老闆說：「我們是老式咖啡館，提供商業套餐、飲料，一晃就是三十多年過去。雖然不算豪華，但客人都是年輕時來，如今結婚、生子。」

不只老客人，現在也有許多年輕學子喜歡到這裡用餐、喝咖啡。提供的套餐也不馬

虎，廚房聘了3個廚師，規模不輸餐廳，每當熱騰騰的炒飯、燴飯端出來，我總是會被那股熱騰騰的香氣誘得垂涎三尺，炒飯粒粒分明、芡汁散發油亮光澤；更別說小火鍋，煮滾的湯頭噗嚕噗嚕的，放入肉片涮個幾下，沾些醬汁入口，總令人回味。套餐的附餐除了飲料，甚至還有基隆百年老店連珍的芋泥球可選，不必排隊搶購，在這裡就能吃到，舀一小匙入口，滑稠質地隨即溢出柔順芋頭香，滋味甜而不膩。

飲料則很有老派情調，以虹吸壺煮的藍山、曼特寧、摩卡，還有水果茶、桂圓紅棗茶。熟客總喜歡點杯曼巴，喝來香醇厚實、平順不酸，有種老時光的美好。我也很喜歡點一壺熱的水果茶，充滿柳橙、蘋果等酸甜韻味，讓味蕾彷彿都甜蜜了起來。

帶著美好舊時光的氛圍，讓樂團茄子蛋《浪流連》MV找上這裡取景，男女主角坐在3樓窗邊座位，窗外就是基隆港。網友卻笑說怎麼主角只喝咖啡，應該吃份小火鍋才接地氣。

「沒想到做這行很累，但是色彩蠻多的，來來往往的客人很多，認識很多朋友，開這個店很好。」鳥老闆說。

他拉著我到大門外指著臨路面牆壁，上頭磁磚似乎比這棟建築年輕，原來鳥巢咖啡大門旁是連接明德大樓與海洋廣場、橫跨忠一路的中央獅子橋，當年是基隆第一座行人陸橋，沿著陸橋走到港口旁還有凸出的小平台，是當時看老鷹的絕佳地點。

套餐甜點可選基隆知名的芋泥球。

熟客總喜歡喝杯賽風煮的曼巴咖啡。

小火鍋是人氣超旺的餐點，配料豐富。

導演張作驥的電影作品《黑暗之光》也拍
下中央獅子橋身影，主角康宜和阿平逛了
夜市，走到獅子橋看海，望著夜幕直到晨
光拂曉。中央獅子橋直到 2011 年隨著海
洋廣場第二期工程擴建拆除，雖少了一個
歷史記憶，倒是讓鳥巢臨窗座位換來更開
闊的視野。

在鳥老闆的記憶裡，他曾看過沈睡在明德
大樓底下的旭川河；當年阿兵哥若是抽中

外島籤，到馬祖服役得先在基隆韋昌嶺等
船，「我小時候看著阿兵哥行軍走到港口
搭船，結果我自己也是抽到馬祖當兵，在
韋昌嶺等船。」他笑說。

基隆港國門計畫打開了天際線，城市正在
翻轉，或許舊日時光不再，但基隆港上空
的黑鳶依舊盤旋著，我們坐在鳥巢喝曼
巴，望出去的景色變得如此遼闊明亮。

Data

鳥巢咖啡

📞 (02)2422-8802
📍 基隆市仁愛區孝一路66號2樓

港口左岸第一排的
紐約情調

/ 小義大利咖啡 /

小義大利咖啡 Ocean 在海洋廣場對面明德大樓一樓，店舖僅兩三坪，除了吧台就是烘豆機，經過時總會被迷人咖啡香吸引。因為店舖迷你，僅在騎樓擺了幾張木椅，倒是有幾分紐約街頭露天咖啡館氛圍，若有一點時間，我總喜歡坐在這裡飲一杯咖啡，和老闆阿諾（李宗源）聊上幾句，聽聽他的故事、聊聊這個城市。

阿諾曾是影像工作者，後來在永和樂華夜市開小義大利咖啡，至今 23 年，來基隆開分店也不過 3 年。父親是基隆人，阿諾卻在永和出生、長大，直到父親過世前想回基隆看看，阿諾這才重新認識了這座城市，於是將永和店交給老婆，自己來到基隆。

「年輕時到紐約曼哈頓闖蕩拍攝短片，在東村（East Village）遇過很特別的街口咖啡館，在聯合廣場吃了人生第一份焦糖布

Ice Single Original 能喝出阿諾對咖啡豆的詮釋。

「希望客人來這裡感受咖啡的多面向，不需盛裝打扮來喝咖啡，就是純粹得到生活中的小美好。」

小義大利咖啡的 espresso 香醇濃烈。

從注水點、燜蒸、再注水時機、路徑等，都能看出阿諾手沖的功力。

丁，也常常窩在小義大利區的街邊店。」這些經歷成了阿諾記憶中的經典，也種下了他日後開咖啡店的種子。

「就說我這裡是港口左岸第一排吧！」阿諾笑道，望過去就是基隆港，每天都能看到黑鳶在天空盤旋，空氣是基隆才有帶著鹹鹹的海潮味。「我是來這裡聽故事的咖啡人，聽到好多故事，跟流浪頭自助餐老闆聊天，他說礦業興盛時曾有好多酒吧；台北以前沒有百貨公司，基隆港口貿易繁榮所以有委託行。」或許曾是影像工作者，阿諾總喜歡想像裡頭有多少故事，心裡早已編寫了許多劇本。

阿諾與在地長者聊天，發現基隆曾繁華一時，在礦業興盛之際，還有夜夜笙歌的小上海酒家。他拍手稱賀，「這不就像紐約

有小義大利一樣，我那時候在曼哈頓拍 16 釐米影片，旁邊就是 chinatown，我永和店旁邊就是夜市。」就像現在咖啡店所處的明德大樓，匯聚了工會辦公室、織品、模型店和住家，隱隱有幾分香港九龍城寨的感覺。

店舖架上都是阿諾烘的咖啡豆，菜單陳列各種品項，但我覺得那只是參考用，因為每當客人來訪，阿諾總會詢問喜好再推薦，香氣、醇度、餘味或平衡度，這點從沒讓我失望過。

阿諾說：「不強調要全世界最好的咖啡，所以一支豆子會烘 4、5 個焙度，像是薩爾瓦多調性比較濃厚，但經過蜜處理，我就還原它原本的特性。」他解釋，「有時候會遇到很好的咖啡豆，像女明星很漂

亮，妝不一定要很厚，我們不會只做很高端的市場，把它生活化一點，我們就像化妝師，做一點修飾。」

除了手沖，店裡的義式咖啡機是阿諾自行設計的，「樂華店第一台咖啡機隨著時代改變不符合需求，但我捨不得，留下了鍋爐，找了師傅花了兩年才完成，現在可以溫控、萃取 SIngle Origin espresso（單一產區濃縮咖啡）。」他還將壓力錶裝入老車燈，接水盤則是哈雷邊桿，請老師傅車木工，賦予咖啡機新生命，且跟得上潮流。

我在小義大利咖啡 Ocean 喝過超棒的espresso。阿諾當年在紐約義大利裔開的咖啡店喝到堅果般口感的卡布奇諾，於是思考衣索比亞卡法的日曬豆帶著濃厚可可調，再取蘇門達臘的厚實口感，焙完再混合，就有著像烏干達羅布般濃厚的巧克力感。

除了咖啡，僅販售阿諾老婆做的窯烤司康，太多食物會影響咖啡味道。阿諾說：「希望客人來這感受咖啡的多面向，就是純粹。我們有個文案叫做 downtown garden，就是不需盛裝打扮來喝咖啡，希望生活中得到小美好。」

店內提供多種阿諾自家烘焙的咖啡豆。

若是阿諾有空擋，說不定就能喝到造型拉花的卡布奇諾。

Data

小義大利咖啡

📞 (02)2427-0126
📍 基隆市仁愛區孝一路67號

阿曼是第二任店貓，牆上的貓咪圖案是基隆學生繪製。

港都的
老派人情味

磨豆位處明德大樓靠海洋廣場這一端。

/ 磨豆人文咖啡 /

冰磚拿鐵的冰塊即是以咖啡製成，融化後也不影響風味。

「基隆人很可愛，鄉土，沒有心機。」

面對基隆港四個大窗，賞老鷹、看郵輪入港，磨豆人文咖啡擁有絕佳的視野。當然，貓店長阿曼也有一群死忠粉絲。

老闆黃國仁、吳靜華夫妻倆是基隆人，原本都在台北上班，後來頂下這家店。黃國仁哈哈一笑，「每個女孩子都有一個夢，就是開家咖啡店。這家店前身叫做香帥，也是做咖啡簡餐，我們就是喜歡這四個窗看出去的感覺。」

四個大窗除了面港，還看得到中正公園上的主普壇，七月放水燈也會從底下忠一路經過，黃國仁細數，「我還記得以前的文化中心叫中正堂，後來才拆掉重蓋。以前的主普壇是在高速公路下來那裡，後來才遷到中正公園獅頭山頂。」

最興盛時期，黃國仁曾開了磨豆二店、民宿、義大利麵等 5 家店，「獅子橋就是銜接這邊，那時候我女兒出生沒多久，每天都會抱著她走過去看海。」黃國仁說，24年來，看著客人來來去去，也看到基隆愈變愈美。

「當年黃色小鴨從外港緩緩進來時，心裡有一種莫名的感動。」黃國仁回憶，2013 年黃色小鴨進駐基隆港，海港第一排的景觀

賽風煮的曼特寧、巴西、藍山是熟客最愛。

以檸檬汁、柳橙汁、蛋黃和蜂蜜等調製的蛋蜜汁是招牌飲品。

優勢，讓磨豆人文咖啡天天爆滿，「訂位電話接不停，用餐時間還得限 2 小時，不料 12/31 下午小鴨爆掉變成一攤鴨皮。」

「其實這幾年基隆改變很多。雨變少、船變少，但年輕人工作機會變多了。這邊是東岸，以前整排都是貨櫃船，後來郵輪進駐，又是不同風貌。」黃國仁指著窗外，港的另一頭是探索夢號，停靠在新落成的基隆港東岸旅運中心旁。

磨豆人文咖啡以咖啡簡餐為主，開店以來，點飲品皆附甜點一份，提供的餐點也隨著時代演變，「基隆人的草根性很重，很有

人情味。很多店已是第二代、第三代經營，至少 50 年起跳，味道傳承不變，一定要保留原本的初衷，像我們開店時品項很少，過了 5 年後客人口味改變，就增加迎合時代的新品項。」

現在菜單除了小火鍋、義大利麵，亦有少許輕食。飲品則以賽風煮法為主，從早年基隆人愛喝的曼特寧、巴西、藍山，後來增加拿鐵等義式咖啡，如今衣索比亞耶加雪菲等淺焙單品也佔有一席之地。老客人總喜歡點杯曼巴，帶著醇厚口感，有著濃烈香氣濃烈，入口苦中帶甜卻又回甘，也因為常年以賽風煮咖啡，所以手法純熟，

能夠避免雜味與澀感，很有老派咖啡館的風格。另外，像是冰磚拿鐵一如其名，事先將咖啡結成冰，隨著冰磚慢慢融化，喝到最後一口，咖啡韻味也不會稀釋，因此相當受歡迎。

除了義式咖啡、精品咖啡，我很訝異居然還有蛋蜜汁這種曾流行一時的 Old Fashion 飲品。黃國仁笑說：「年輕時約會總想來一杯蛋蜜汁，所以自己開店後就一直放在菜單裡。那時候還流行火焰咖啡，就是現在的愛爾蘭咖啡，方糖淋白蘭地放在湯匙上點火，等酒精揮發後融入咖啡裡。」

即便年輕人幾乎不知什麼是蛋蜜汁，但這種以檸檬汁、柳橙汁、蛋黃和蜂蜜等調製的飲料，黃國仁還是捨不得割捨，畢竟這是懷念的青春滋味。

磨豆人文咖啡的名片上繪著一家三口和一隻貓，畫的是第一任店貓 CASH，如今黏人不怕生的阿曼則是第二任店貓，不少客人都是專程來看他呢。熟客就是愛這裡的老派情懷與人情味，甚至天天報到，喝咖啡、吃頓飯，相互傾吐一些不想跟家人說的事。「基隆人很可愛，鄉土，沒有心機。」吳國仁說。

所有飲品皆附一份蛋糕，相當貼心。

淋上巧克力醬的幸福棉花糖厚片很受歡迎。

阿曼不怕生，喜歡與客人玩耍。

Data

磨豆人文咖啡

☎ (02)2423-8452
📍 基隆市仁愛區愛一路47號2樓

坐看大船入港

只要來基隆，就會看到大大的地標 KEELUNG，
這裡就是在地人口中的虎仔山。白天可以眺望整
個基隆港的壯闊美景，傍晚燈火璀璨，則是基隆
人最驕傲的私房祕境。

看著大船入港，世界彷彿就在腳下，基隆的美
好，歡迎你親身體驗！

Chapter /10

虎仔山，可能是許多基隆在地人也不曾到過的地方，儘管 KEELUNG 地標就聳立在這裡。虎仔山也是欣賞巨型郵輪進出基隆港的絕妙景點，入夜後，更是瀏覽基隆市區美麗夜景最佳之處。

虎仔山的景觀咖啡館在西岸 6 號碼頭上方山坡，4 家緊緊相連，從山坡上望出去，270 度基隆港景觀無比壯觀，視野正中央剛好是基隆港彎內的 Y 字型水域處，巨型郵輪入港後，通常會在這裡轉彎掉頭，引水人與船長間的互動，船身各角度都能清楚看見。

4 家咖啡館中，地勢最高的是虎仔山休閒咖啡，其陽台視野最廣，老闆葉建華是基隆船員之子，當年父親從浙江寧波來台後，定居在中山區碼頭工人聚集處，因此葉建華對當地各種傳說與故事非常熟悉，不少虎仔山歷史典故都是他告訴我的，客人也總喜歡向他詢問觀景點。

一杯咖啡、一片海港，各有各的景色與味道。

海景地標
虎仔山夜未眠

Night

虎仔山四家景觀咖啡廳各有特色，
均可俯瞰基隆港西岸碼頭。

它的招牌餐點是砂鍋魚頭火鍋，使用的是基隆崁仔頂商家進口的鱈魚頭，相較於常見的鰱魚頭，不但肉質更加細嫩，也讓湯頭滿厚重膠質，滋味更鮮甜。曾經營過水果批發生意，葉建華挑選水果眼光精準，我最愛品嘗水果聖代，各式水果新鮮甜度高，不管是搭配哪一種咖啡都很契合。

隔壁的後山海景休閒咖啡，老闆夫妻倆曾在基隆經營婚紗攝影店，以過去婚紗店的小飾品與花卉裝飾店內，氛圍相當浪漫。最多人點用的是拿鐵咖啡，也會點份鬆餅搭配，麵糊僅以雞蛋、牛奶、麵粉調製，煎烤後點綴上鮮奶油，雖然簡單，但風味清新，吃來十分舒爽。除了喝飲料，不少客人更為了武漢麻辣鍋而來，連續翻炒5小時而成的鍋底香料，注入高湯滾煮後，滋味麻香，吃來過癮。

若是帶小朋友的家庭客，不妨到大船入港休閒咖啡館。在基隆漁業最輝煌那些年，店主人從事魚貨買賣數十年，退休後一家人共同經營咖啡館，菜單裡與海鮮相關的火鍋與餐點，都有不錯的品質。我覺得這裡的水果茶調得非常好，酸甜味很自然，而賽風煮的曼巴咖啡則是熟客最愛，坐在陽台飲著咖啡，看著基隆港，感覺好悠閒。

另一家基隆1973蔬食咖啡簡餐，是現在愈來愈少見的民歌餐廳，僅晚上營業，老闆過去曾組過學生樂團，所以請來歌手進駐，他也曾開過酒吧、擺攤賣過早餐，店內的咖啡、調飲與餐飲品質都不差，是用餐聽歌的好選擇。

在夜色下，喝杯調飲，看看港灣，基隆港都夜雨充滿魅力。

基隆1973蔬食咖啡簡餐晚上營業，吸引很多在地人與雙北遊客來聽歌看海。

台灣少數還有歌手伴唱的複合式餐廳，其中一家就在基隆虎仔山。

Data

大船入港休閒咖啡館

基隆1973蔬食咖啡簡餐

📞 (02)2421-2256

📞 (02)2428-1273

📍 基隆市中山區中山二路51巷132號

虎仔山幾家咖啡
廳都有著優美的
基隆港灣景色。

大船入港的火鍋有多種滋味，吸引許多親子遊客來
品嚐。

Data

| 虎仔山休閒咖啡 | ☎ (02)2425-2900 | 📍 基隆市中山區中山二路65巷105號 |
| 後山海景咖啡 | ☎ (02)2425-3622 | |

生活文化 71

想入啡啡
林右昌的浪漫私旅

作　　者—林右昌
照片提供—林右昌
責任編輯—廖宜家
主　　編—謝翠鈺
企　　劃—陳玟利
採訪企劃—賴品伃、林嘉莉、陳志東、沈軒毅
視覺攝影—夏金剛、林永昌、王文廷、高大鈞
美術編輯—予躍視覺有限公司
封面設計—予躍視覺有限公司

董 事 長—趙政岷
出 版 者—時報文化出版企業股份有限公司
108019 台北市和平西路三段二四〇號七樓
發行專線—（〇二）二三〇六六八四二
讀者服務專線—〇八〇〇二三一七〇五
　　　　　　　（〇二）二三〇四七一〇三
讀者服務傳真—（〇二）二三〇四六八五八
郵撥—一九三四四七二四時報文化出版公司
信箱—一〇八九九　台北華江橋郵局第九九信箱
時報悅讀網—http://www.readingtimes.com.tw
法律顧問—理律法律事務所　陳長文律師、李念祖律師
印刷—和楹印刷有限公司
初版一刷—二〇二二年八月十二日
定價—新台幣四八〇元

缺頁或破損的書，請寄回更換

想入啡啡，林右昌的浪漫私旅／林右昌作 . --
初版 . -- 臺北市：時報文化出版企業股份有限
公司，2021.12
面；　公分 . -- (生活文化；71)
ISBN 978-957-13-9106-9(平裝)

1. 餐飲業 2. 臺灣

483.8　　110008969

ISBN 978-957-13-9106-9
Printed in Taiwan